古建筑工职业技能等级认定系列丛书

古建筑传统瓦工：
五级（初级工）

主　编　董　峥　王永久
组织编写　北京京诚集团有限责任公司
　　　　　北京交通运输职业学院

中国建设科技出版社有限责任公司
China Construction Science and Technology Press Co., Ltd.
北　京

图书在版编目（CIP）数据

古建筑传统瓦工：五级：初级工/董峥，王永久主编．--北京：中国建设科技出版社有限责任公司，2025.5．--（古建筑工职业技能等级认定系列丛书）．
ISBN 978-7-5160-3442-2

Ⅰ．TU754.2

中国国家版本馆 CIP 数据核字第 20255E3L39 号

内 容 摘 要

本书对接《古建筑工职业技能标准》（JGJ/T 463—2019）和《传统建筑工程技术标准》（GB/T 51330—2019）中对瓦工的职业要求，全面介绍了古建筑工职业技能等级认定相关内容，以及安全生产、瓦工理论、瓦工实际操作等方面的知识。瓦工理论知识涵盖了房屋基础、瓦工工具、瓦工材料、地基、台基、墙面、地面、屋面等内容，瓦工实操项目对应考核内容设计了糙砌砖墙、墙面抹灰、地面铺墁、屋面查补等项目。

本书可作为古建筑工职业技能等级认定的培训教材，也可作为古建筑学习的入门教材。

古建筑传统瓦工：五级（初级工）
GUJIANZHU CHUANTONG WAGONG：WUJI（CHUJIGONG）
主　编　董　峥　王永久
组织编写　北京京诚集团有限责任公司
　　　　　北京交通运输职业学院

出版发行：	中国建设科技出版社有限责任公司
地　　址：	北京市西城区白纸坊东街 2 号院 6 号楼
邮　　编：	100054
经　　销：	全国各地新华书店
印　　刷：	万卷书坊印刷（天津）有限公司
开　　本：	787mm×1092mm　1/16
印　　张：	10
字　　数：	240 千字
版　　次：	2025 年 5 月第 1 版
印　　次：	2025 年 5 月第 1 次
定　　价：	48.00 元

本社网址：www.jskjcbs.com 微信公众号：zgjskjcbs
请选用正版图书，采购、销售盗版图书属违法行为
版权专有，盗版必究。本社法律顾问：北京天驰君泰律师事务所，张杰律师
举报信箱：zhangjie@tiantailaw.com　　举报电话：(010)63567684
本书如有印装质量问题，由我社事业发展中心负责调换，联系电话：(010)63567692

编 委 会

组织编写 北京京诚集团有限责任公司
　　　　　　北京交通运输职业学院

顾　　问 刘大可　刘全义　张峰亮
　　　　　　吴生茂　卢立辉　赵庆隋

主　　编 董　峥　王永久

编　　委 王红梅　朱江红　徐志军
　　　　　　陈　兵　胡　炜　武冠利

扫码查看电子课件

序

　　书为什么写，给谁读？这本书目的明确，指向性强。此次出版的《古建筑传统瓦工：五级（初级工）》旨在服务于国家行业标准《古建筑工职业技能标准》（JGJ/T 463—2019）（以下简称《标准》）的有效实施，是"古建筑工职业技能等级认定系列丛书"的第一本。本书内容范围、技能水准把握精准，是依据《标准》内容和要求编写的一本实用性书籍。

　　谈及《标准》的编写，笔者有幸参与其中，并主编了彩画工部分，感触颇深，思考良多。《标准》编制完成后，如何实施与落实？《标准》是为建立古建筑工职业技能等级晋级制度而编制的，实施的核心工作是等级认定考核。考核需要编制试题，包括理论和实操两部分，且需符合各级别的技能要求。因此，在《标准》实施前需要做好两方面的工作：首先，要深刻理解《标准》，这很重要。需要透彻理解《标准》，尤其是实操考核部分，不能机械照搬，要掌握《标准》的精神实质。一是要掌握好五个级别之间技能水准的区别和联系；二是考核内容可不限于《标准》所提到的某一具体内容，应融会贯通，能举一反三，原则是要符合《标准》规定的五级技能标准。同时，应认识到地区差别并非关键，只要符合技能分级制度的实质要求即可；三是实操考核项目需适合考核需求，方便组织。其次，应建立技能考核"题库"，这很有必要。考核题目需符合《标准》，按五级划分，包括理论题和实操项目两部分，并需经过评审。

　　再论本书的必要性。本书的价值与意义可以说是《标准》不可或缺的支持性资料。上述提到的要落实《标准》的两方面工作，本书正是在深入理解、掌握《标准》的基础上编写的，旨在为技能认定考核出题、培训及相关工作提供支持与帮助。它是针对《标准》的要求而专门编写的瓦作工具书，不同于其他著作。本书的价值在于其实用性：内容涵盖瓦工基础、安全生产、古建房屋构造、古建筑地面、古建筑台基、房屋墙体构造、屋面构造，以及实操项目、考务相关等多个方面。内容全面固然重要，但更重要的是它针对了

《标准》实施的需求，从标准出发，服务于实际，有的放矢，发挥特定的服务作用。特别是本书给出了一些实操项目，满足了实际所需。因此，本书具有技能考核辅导、指导作用，同时也是有针对性的技能考核培训教材。建议与《标准》配套使用，依据《标准》充分利用本书，《标准》的实施与落实工作定会取得更好的效果。

本书为"古建筑工职业技能等级认定系列丛书"瓦工五级部分，期待其他各工种（石作、木作、油漆作、彩画作）的书籍也能相继编写出版，裱糊作标准已完稿，随后也应编写此类书籍，以期完善。

最后，建议读者先阅读本序，再重温并领会《标准》，然后带着所需视角学习本书，效果更佳。或许需经几次对照回顾，方能深刻理解。上述所言，基于个人认知。抛砖而玉出，是《序》所期。

张峰亮

2024 年 10 月

前　言

《北京城市总体规划（2016—2035年）》对现存老城的发展提出"老城不能再拆"的原则，强调在保护中发展、在发展中保护。北京作为世界著名古都，自金中都建立至今已有870多年历史，是全球拥有世界文化遗产数量最多的城市。老城区内的历史文化街区隐藏着无数文化价值宝藏，等待着我们去发现、梳理、保护与发展。

2024年7月27日，全长7.8千米纵贯老城南北的"北京中轴线"被列入《世界遗产名录》，它代表了世界城市历史中的一种特有类型，体现了中国传统都城规划理论和"中""和"的哲学思想，为世界城市规划作出了重要贡献。北京的城市肌理与格局始于元代，城市形态和设计体现了《周礼·考工记》所记载的理想都城范式，以街、巷、胡同交织成路网，如同城市的血管经络，而四合院群落如同城市的细胞，共同构成了整体的城市布局。北京的四合院建筑群落蕴含了数代中国匠人总结而来的营造技艺，在结构类型、工艺手法、用料选材、家居陈设等方面形成了独特的北京人文建筑学术体系。这些技艺分别于2009年、2011年被列入市级及国家级非物质文化遗产名录。时至今日，北京四合院不仅仍具有居住功能，更是中国传统文化的重要载体，具有深厚的文化底蕴和历史价值，是研究北京古代社会、文化、建筑等方面的重要物证，其营造技艺仍然具有重要的价值和意义，需要保护和传承。

北京京诚集团有限责任公司（以下简称京诚集团）是一家以老城房屋管理、修缮为主业的区属国企，承担着北京市东城区直管公房的全生命周期管理工作。作为北京房屋管理系统的"老字号"，京诚集团始终耕耘在一线，积累了丰富且宝贵的房屋管理实践经验，形成了围绕房屋管理核心业务的全产业链条。目前集团管理着北京市东城区300多万平方米的直管公房，其中约125万平方米为平房，约占东城区平房总量的一半。这些平房中有相当一部分是历史建筑和文物建筑，大多数院落房屋仍基本保留着清代乾隆时期的历史格局。

为了做好老城风貌保护工作，京诚集团长期保留着一支传统建筑修缮的工匠队伍。这支专业的技术匠人队伍，通过一辈辈师徒传承，守护着历史建筑的营造技艺；这一群对北京爱得简单且深沉的"房管老兵"，用 70 多年的时间兢兢业业维护着这片历史建筑的风貌特色；这一代房屋管理系统的守望者，始终守护着这片历史建筑的岁月变迁。为确保这支工匠队伍始终具备保护和维护历史建筑的专业素质，京诚集团高度重视工匠培养工作，充分挖掘和发挥"师带徒，老带新"的优良传统，通过口传心授的方式传承古建筑修缮技艺，并于 2022 年将人才培养与加强京诚集团"工匠营"建设、完善工匠培养体系写入长期发展战略，成为企业发展的重要任务方向。

京诚集团一直以来积极落实古建筑工岗位技能认定工作，这是响应国家关于传承工匠精神、传承传统技艺、传承传统文化、培养大国工匠号召的基层生动实践。2020 年，北京市人力资源和社会保障局下发《北京市人力资源和社会保障局关于全面推进职业技能等级认定工作的通知》（京人社职鉴发〔2020〕3 号），决定在北京市全面推进企业职业技能等级认定工作，鼓励有条件的企业申报职业技能等级认定资格。京诚集团提出的古建筑工职业技能等级认定工作，正是落实这一发展战略的重要举措，这个想法一经提出，得到了集团领导、各级管理人员和基层职工的认可和支持。

北京交通运输职业学院传统建筑学院的前身，是北京市房地产管理局职工大学建筑工程系，该学院在 1985 年就创办了中国古建筑工程技术专业。在多年的教学活动中，学院坚持校企合作，以学生在企业中的岗位发展为目标，致力于培养传承古建筑技术的建设者和接班人。如今，在各类古建筑工程项目中，活跃着一大批该学院的毕业生，为古建筑行业输送了大量人才。京诚集团与北京交通运输职业学院开展校企合作，以需求和问题为导向，共同组织和编制了专业系列教材。通过教材的编制，将老工匠的实操经验、做法和口传心授的非遗文化记录下来，把学员成长过程中的问题进行梳理，并针对性地进行解答。同时，发挥高校的理论优势，实现理论与实操融会贯通。

这套教材为"古建筑工职业技能等级认定系列丛书"，瓦工五级教材为第一本，目标是编制包含古建筑瓦工、木工等各工种、各级别的系列丛书。该套教材以古建筑职业从业技术标准为基础，结合老城平房小式古建筑居多的特点，以北京本地老城内民居建筑为蓝本进行编写。教材既面向社会，又针对专业院校的教学要求，在专业度、严谨性方面做到有标准依据支撑。同时，为增强教材的可读性，避免因照搬理论而枯燥无味，编书团队尽量将专业技术标准进行通俗易懂的讲解，并在北京市东城区范围内拍摄大量一手图片作为辅助，使这套丛书兼具专业科学性与通俗易懂的特点。

值此系列教材出版之际，感谢行业专家顾问刘大可、刘全义、张峰亮、吴生茂、卢立辉、赵庆隋的悉心指导；感谢北京交通运输职业学院和京诚集团领导的重视，推动了技能等级认定工作的顺利进行；感谢京诚集团张玉龙、徐广利、刘京生、徐闯、苗世常等退休老匠人的无私奉献精神，他们为教材的编写贡献出宝贵的技术经验；感谢北京交通运输职业学院贾东清、董征、刘万深、刘昱、王雯、袁国苗等老师对古建筑专业的支持；感谢参与编写工作的京诚集团张永灵、刘春祥、秦永岗、王凯、刘成、杨波、张硕、魏志安等同志，以及马迪、崔洁莹、王珺可、孟祥宇等同学的辛苦付出。感谢大家为教材按时高质量出版作出的巨大贡献。

本书内容以北方官式民居修缮案例居多，因编者水平有限，其中难免有谬误之处，还望读者不吝赐教，我们将不胜感激。

王永久　董　峥
2024 年 8 月

目 录

1 古建筑瓦工 ·· 1
   1.1 瓦工基础知识 ·· 2
   1.2 古建筑灰浆 ·· 6
   1.3 瓦工工具 ·· 12
   1.4 砖料 ·· 16
   1.5 瓦件 ·· 20

2 古建筑安全生产 ·· 25
   2.1 安全生产常识 ·· 26
   2.2 安全防护用品 ·· 33

3 古建筑房屋 ·· 39
   3.1 房屋基础知识 ·· 40
   3.2 民居院落 ·· 46
   3.3 木结构和园林基础 ·· 50

4 古建筑台基 ·· 53
   4.1 地基基础 ·· 54
   4.2 台基内部构造 ·· 57
   4.3 台基外部构造 ·· 59
   4.4 台阶 ·· 62

5 古建筑地面 ·· 67
   5.1 古建筑地面分类 ··· 68
   5.2 古建筑地面做法 ··· 71

6 古建筑墙体 ·· 75
   6.1 墙体排砖造型 ·· 76
   6.2 山墙 ·· 81
   6.3 其他墙体和砌筑工艺 ··· 88

7　古建筑屋面 ··· 93
7.1　苫背 ··· 94
7.2　瓦面 ··· 98
7.3　调脊 ·· 103

8　古建筑技能等级认定考核 ··· 109
8.1　技能等级认定相关知识 ··· 110
8.2　督导相关知识 ··· 112
8.3　技能等级认定理论考试 ··· 121
8.4　技能等级认定实操考试 ··· 137

附录 ·· 145
参考文献 ··· 146

1 古建筑瓦工

本章内容简介：本章介绍传统瓦工和现代瓦工的基础知识，瓦工的典型工作任务，以及企业对现代瓦工的职业要求和技能要求。另外介绍了与古建筑瓦工相关的各类古建筑灰浆、工具、砖、瓦的基础知识。

1.1 瓦工基础知识

1.1.1 古建筑瓦工岗位

1. 传统瓦工

中国古建筑传统营造技艺有八个主要工种,"瓦木扎石土,油漆彩画糊",行业内俗称八大作。在古代社会,每个古建筑技术都是人们赖以谋生的手艺。这些技术传承至今,仍然应用在各类古建筑工程中。

随着社会的发展,有些工种被替代,有些工种的部分工作和其他工种合并。新时代的古建筑瓦工,大概是古代土作、石作、瓦作三类工种的结合。

传统土作的主要工作内容是夯筑地基,在向下开挖的基础内进行夯土,形成的地基坚固耐用,使得建筑物不会沉降。传统石作的主要工作内容是砌筑台基、石桥等,在功能和造型上,台基是中国古建筑重要的组成部分。传统瓦作的主要工作更加繁多,包括地面铺墁、墙体砌筑、屋面工程等。土、石、瓦作典型工作任务的分解、说明见表1-1。

表1-1 土、石、瓦作典型工作任务的分解、说明

传统工种分类	分项工程	典型工作任务
传统土作	地基夯筑	地基开挖
		灰土和拌
		夯筑灰土
传统石作	台基砌筑	放线定位
		磉墩砌筑
		柱顶石砌筑
		包砌台明
		台阶砌筑
传统瓦作	地面铺墁	室内地面
		房屋散水
		院落地面
	墙体砌筑	砖的砍磨加工
		砌筑墙体
		墙体抹灰
	屋面工程	苫背
		瓦瓦
		调脊

2. 职业道德

古建筑工职业从业人员应提升职业道德,遵守社会公德和职业守则。职业守则包含以下内容:

(1) 遵守相关法律法规、标准和管理规定。
(2) 养成和弘扬执着专注、作风严谨、精益求精、敬业守信的工匠精神。
(3) 树立安全第一、质量至上的理念,团结协作,文明施工。
(4) 刻苦钻研技术,掌握专业知识和专业技能,提升传承与创新能力。

3. 职业技能等级

(1) 古建筑工职业技能等级由低到高分为职业技能五级（初级）、职业技能四级（中级）、职业技能三级（高级）、职业技能二级（技师）和职业技能一级（高级技师）。

(2) 古建筑工职业技能五级应符合下列条件：
① 能运用基本技能独立完成本职业的常规工作；
② 能识别本职业所涉及的常见材料；
③ 能操作简单的机械设备并进行例行保养。

4. 职业技能构成

职业要求和职业技能应分为安全生产知识、理论知识、操作技能三个模块,并应符合下列规定：

(1) 安全生产知识应包括安全基础知识和施工现场安全操作知识；
(2) 理论知识应包括基本知识、专业知识和相关知识；
(3) 操作技能应包括基本操作技术能力、工具设备的使用和维护能力、创新与指导能力。
(4) 职业要求中对安全生产知识和理论知识的目标要求由高到低应分为"掌握、熟悉、了解"三个层次,对操作技能的目标要求由高到低应分为"熟练、能够、会"三个层次。

1.1.2 古建筑瓦工要求

1. 瓦工职业要求

在传统民居修缮中,新时期的瓦工工作涵盖土作的夯筑基础、石作的砌筑台基、瓦作的地面墙体屋面工程等,可以说,古建筑瓦工的工作是覆盖房屋修建从下到上全过程的。企业根据典型工作任务的梳理,对现代瓦工提出了更高的要求,分别在安全生产知识、理论知识、操作技能等方面,详细描述了现代瓦工需要掌握的知识和技能。在职业技能等级认定中,五级（初级）古建筑传统瓦工的职业要求见表1-2。

表1-2 职业技能五级（初级）古建筑传统瓦工的职业要求

项次	分类	专业内容
1	安全生产知识	(1) 掌握工器具的安全使用常识 (2) 熟悉安全生产常识及常见安全生产防护用品的功能和使用方法 (3) 了解安全生产基本法律法规
2	理论知识	(4) 掌握古建筑常用灰浆的特性、用途及调制方法 (5) 熟悉古建筑简单的地面做法 (6) 了解古建筑常用的2种及以上瓦、砖的规格（品种）、用途 (7) 了解古建筑房屋的结构构造 (8) 了解古建筑房屋的台基构造 (9) 了解古建筑常见的墙体构造 (10) 了解古建筑硬山顶、悬山顶屋面的构造

续表

项次	分类	专业内容
3	操作技能	（11）熟练调制古建筑常用灰浆 （12）能够用砖铺装做法简单的地面 （13）能够完成简单的古建筑瓦作修缮 （14）会砌筑简单的古建筑墙体 （15）会铺设 1 种瓦屋面 （16）会做古建筑墙面常见抹灰

2. 瓦工技能要求

根据现代古建筑瓦工职业技能的要求，结合实际的施工环节、操作项目，提出了传统瓦工的技能要求，见表 1-3。

表 1-3　职业技能五级（初级）古建筑传统瓦工的技能要求

项次	项目	范围	内容
安全生产知识	安全基础知识	法规与安全常识	（1）安全生产基本法律法规和安全生产常识
	施工现场安全操作知识	安全生产	（2）安全生产防护用品、工器具的使用
理论知识	基本知识	古建筑材料	（3）古建筑常用的砖、瓦、灰浆（规格、品种、特性、用途、加工和调制方法）
		古建筑结构	（4）古建筑房屋的木作构造
	专业知识	古建筑台基相关知识	（5）土衬石、磉墩（柱顶石）、阶沿石（阶条石）、侧塘石（陡板石）等
		古建筑墙体构造	（6）古建筑房屋的檐墙、山墙
		古建筑屋面构造	（7）硬山顶、悬山顶屋面
		古建筑地面	（8）古建筑简单的地面做法
	相关知识	古典园林建筑	（9）连廊、水榭等
操作技能	基本操作技能	古建筑屋面工程	（10）完成瓦屋面苫背或铺设望砖 （11）铺设小青瓦或合瓦
		古建筑砌筑工程	（12）调制 4 种及以上古建筑用灰与用浆 （13）砍磨加工古建筑常见砖料 （14）砌筑古建筑 2 种简单的墙体
		古建筑地面工程	（15）铺装 2 种排列形式的糙墁地面
		古建筑墙面装饰	（16）完成古建筑常见墙面抹灰
		古建筑瓦作修缮	（17）完成普通墙面的一般修缮 （18）整修糙墁地面 （19）完成屋面查补、简单整修
	工具设备的使用和维护	工具的使用和维护	（20）使用托线板（靠尺）、线坠、水平尺等常用瓦作工具
		机具的使用和维护	（21）使用常用瓦作机具

综合以上内容，明确五级（初级）古建筑瓦工的理论知识考核范围和实操考试范围，本书结合实际案例介绍最基本的、初级瓦工应知应会的知识和技能。

例题：

1. 新时代的古建筑瓦工是传统古建土作、石作、（　　）三类工种的组合。

A. 彩画作

B. 瓦作

C. 木作

D. 裱糊作

辨析： 考查新时代瓦工的工作内涵。新时代古建筑瓦工的工作包括传统古建土作、石作、瓦作的工作任务。

答案： B

2. 在古建筑传统瓦工职业要求中，下列哪项工作任务不是古建筑瓦工的工作？（　　）

A. 灰浆调制

B. 地面铺墁

C. 彩画绘制

D. 墙体砌筑

辨析： 考查古建筑传统瓦工职业要求。灰浆调制、地面铺墁、墙体砌筑都属于瓦工的工作范畴，而彩画绘制属于彩画作的工作任务。

答案： C

3. 关于古建筑传统瓦工的技能要求，下列说法错误的是（　　）。

A. 应掌握安全生产防护用品、工器具的使用

B. 应掌握砖的砍磨加工

C. 可以完成屋面查补、修整

D. 可以在柱子木材上施画中线、升线

辨析： 考查古建筑传统瓦工技能要求。正确使用安全生产工具、砖的砍磨加工、屋面查补都是瓦工的技能要求，而在柱子木材上画线属于木作的技能要求。

答案： D

4. （　　）作为新时代古建筑瓦工，应了解古建筑房屋的结构构造。

辨析： 考查基本古建筑传统瓦工职业要求，在理论知识中应掌握古建筑房屋的结构构造。

答案： 正确

1.2 古建筑灰浆

1.2.1 古建筑灰浆

1. 灰浆名称

灰浆是瓦工的基础材料，在古代，灰浆由各类天然材料根据不同配方和拌制成。传统营造技术八大作中的土作、石作、瓦作、油漆作等工种在施工过程中都会用到灰浆。瓦工使用灰浆的主要作用是黏结砖、瓦、石材，填充它们之间的空隙。

2. 灰浆种类繁多

灰浆是一个很广泛的概念，古建筑工程有"九浆十八灰"的说法，足以说明灰浆的种类繁多。在传统瓦工中所说的各类膏、灰、泥、浆、水等，都是指灰浆类的混合物，只是其稀稠程度不一样。

传统灰浆种类繁多的原因主要归结于以下几点：

（1）用途原因

灰浆用处多，下至灰土台基，中至墙体，上至屋面，各个地方都需要用到灰浆。使用的地方不同，薄厚不一，稀稠程度不一，需要调制不同配方的灰浆。

（2）技术原因

掺入不同的各类天然物品，产生不同的效果。如掺入麻刀可以增加灰的拉结力，掺入江米浆可以增加浆的黏合力。

（3）经济原因

使用各种替代品，用便宜的材料替代贵的材料。如掺入炉灰渣，技术上可以达到使用效果，经济上替代一部分主料，降低成本。

（4）传承原因

不同的师傅有不同的做法，配方比例略有变化。

1.2.2 基础原料灰浆

1. 泼灰

泼灰是制作各种灰浆的原材料，传统做法是使用生石灰块用水反复均匀地泼洒，成为粉状后过筛，浸泡使用，现多以成品灰粉代替。泼灰泡制时间过短，会造成石灰没有充分吸水，使用后会发生起拱。浸泡时间过长，石灰过分熟化，失去应有的稀稠程度，使用后容易开裂。

使用一般成品灰粉时，浸泡 8 小时后使用（或根据使用说明进行浸泡）。民居修缮施工时，第一天晚上泡制，第二天使用。泼灰成品存放时间不宜超过 3 个月。用于灰土时，不宜超过 3~4 天。施工中泡在桶中的泼灰如图 1-1 所示。

图 1-1 泡在桶中的泼灰

2. 其他原料灰浆

（1）泼浆灰

泼浆灰是制作各种灰浆的原材料，泼灰过细筛后分层用青浆泼洒，闷 20 天以后即可使用。白灰：青灰＝100：13，颜色深于白灰。

（2）煮浆灰

煮浆灰是制作各种灰浆的原材料，生石灰加水搅成浆，过细筛后发胀而成。现在多用现代方法制成的灰膏。煮浆灰在过去是一种快速泡制灰浆的方法，和现在使用灰粉的方法类似，所以泡发时间较短，不宜用在室外抹灰或苫背。

（3）老浆灰

老浆灰是丝缝墙和淌白墙勾缝使用的灰料，使用青浆和生石灰浆过筛后发胀而成。老浆灰的颜色根据使用情况可以变化。用于丝缝墙勾缝颜色较深，用于淌白墙勾缝颜色稍浅。青灰与生石灰的配比不同，颜色也不同，青灰比例越高，颜色越深，其配比一般在 10：2.5、7：3、5：5 之间进行选择。

3. 现代水泥砂浆

在小式民居修缮中，现代水泥砂浆也是常见灰料。根据用途不同，使用不同标号的水泥和沙子，参照不同配比和拌出砂浆。常用于地面、墙体的砌筑。在文物建筑中，不应使用现代水泥砂浆。

1.2.3 按掺入麻刀分类

1. 素灰

素灰指灰内没有麻刀，其颜色可为白色、月白色、红色、黄色等。使用泼灰或泼浆灰加水调匀而成，按其用途调制成不同的颜色。

2. 麻刀灰

麻刀灰指灰内掺入麻刀，泼浆灰加水或青浆调匀后掺麻刀搅匀。按其用途不同，可分为大、中、小麻刀灰。

大麻刀灰，麻刀絮较长，灰与麻刀之比为 100：5。用于苫背、小式石活勾缝。

中麻刀灰，麻切成段，灰与麻刀之比为 100：4。用于调脊、瓦瓦、墙体砌筑抹线，抹饰墙面、墙帽。用于面层抹灰时可降低麻刀比例至 100：3。

小麻刀灰，麻切成不超过 1.5cm 的小段，灰与麻刀之比为 100：4。用于打点勾缝。

麻是麻类植物经过晾晒干燥之后的植物纤维。在民居修缮中，现多采购成卷的麻刀成品，使用时将麻打散，择出粗梗，根据实际情况切短使用。因麻细小纤维较多，对人的呼吸系统有影响，部分人群对麻类过敏，应注意防护。工人师傅在择麻，如图 1-2 所示。

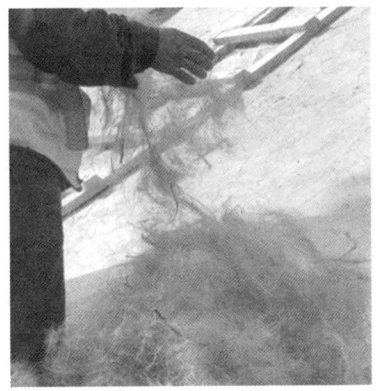

图 1-2 工人师傅在择麻

1.2.4 按颜色分类

1. 白灰

白灰是泼灰加水搅匀,如需要可掺麻刀。现多用成品灰粉,室内抹灰可使用灰膏。白色灰膏用处较多,墙体软心池子抹灰、室内墙体抹灰等均使用白色灰。白色灰膏掺入长麻刀应用在墙体抹灰,如图1-3所示。

图1-3 墙体抹灰

2. 月白灰

月白灰颜色比白灰深,按颜色深浅可分为浅月白灰和深月白灰。

浅月白灰是泼浆灰加水搅匀,如需要可掺麻刀。用于调脊、瓦瓦、砌糙砖墙、墙体勾缝、墙体抹灰等。

深月白灰是泼浆灰加青浆搅匀,如需要可掺麻刀。用于调脊、瓦瓦、除黄琉璃外的琉璃勾缝、墙体勾缝、墙体抹灰等。

3. 红灰

红灰是泼灰加水后加红土粉再加麻刀。白灰:红土粉:麻刀=100:6:4。红土是一种天然带有铁元素的红色土,现代材料中使用氧化铁红颜料代替红土粉,在文物建筑修复中应不使用氧化铁红颜料。红灰用于各类墙体抹灰,在大型建筑的墙体,如宫墙、宫殿建筑墙体更为常见,也用于黄色琉璃瓦的夹垄、捉节。宫墙红灰如图1-4所示。

4. 黄灰

黄灰等级更高,泼灰加水后加包金土子(黄土子)再加麻刀,白灰:包金土子:麻刀=100:5:4。黄灰用于各类墙体抹灰,在等级较高的室内墙体、廊心墙更为常见。墙心黄灰如图1-5所示。

图 1-4　宫墙红灰

图 1-5　墙心黄灰

1.2.5　按专向用途分类

1. 护板灰

护板灰是苫背第一层灰，作用是填补望板缝隙，为苫背层做基层。使用月白麻刀灰，灰调制较稀，灰：麻刀＝100：2。

2. 扎缝灰

扎缝灰是两底瓦之间缝隙，扎缝时使用的灰。一般用月白大麻刀灰或中麻刀灰。作用是将两底瓦中间的缝隙填饱满。

3. 驼背灰

驼背灰是瓦筒瓦时，抹在筒瓦之下两块底瓦中间之上的灰。一般用月白中麻刀灰。作用是黏结筒瓦与底瓦，抬高筒瓦的高度。

4. 熊头灰

熊头灰指筒瓦时挂抹熊头处使用的灰，一般使用小麻刀灰或素灰。黄琉璃瓦掺红土粉，其他琉璃瓦及布瓦掺青灰。熊头是筒瓦前端的出头，抹灰后插入到前面一块筒瓦下方，便于前后两块筒瓦黏结。

5. 节子灰

节子灰或称捉节灰，是瓦瓦勾抹瓦脸和捉节使用的灰，一般使用素灰膏。瓦脸指两片底瓦相连接处缝隙所在的位置，捉节指两片筒瓦相连接处缝隙所在的位置。

6. 夹垄灰

夹垄灰用于筒瓦夹垄、合瓦夹腮，填补瓦两侧睁眼高度的灰。夹垄灰是利用泼浆灰、煮浆灰加适量水或青浆，调匀后掺入麻刀搅匀调制而成的。泼浆灰：煮浆灰＝3：7 或 5：5，灰：麻＝100：3。

以上灰浆均为屋面工程中各种不同位置灰的名称。

1.2.6　按添加材料分类

1. 江米灰浆

添加江米的作用是为了增加灰的黏稠度，干燥后更加坚固耐用。江米灰浆一般用在比较重要的琉璃花饰砌筑，有一些墙体填馅也会用到。民居修复多用现代胶质材料代替江米。

2. 麻刀油灰

麻刀油灰用于叠石勾缝、石活防水勾缝，油指桐油。油灰内掺麻刀，用木棒砸匀，油灰：麻＝100：（3～5）。

3. 砖面灰

砖面灰或称砖药，是指砖磨成的粉。使用砖药调制的灰用于干摆或丝缝墙面、细墁地面打点修补。打点指砖的表面在砌筑成墙后，仍然留有小孔，砖面经研磨，掺入颜色较深的泼浆灰，加水调匀，涂抹至小孔内，最后压实打磨，修复平整。泼浆灰的掺入量以能近似砖色为准。

4. 滑秸灰

滑秸是小麦的秸秆，因成本低于麻类制品，所以多用于各类民居修缮抹灰，泥背等处。抹灰时的调制方法为泼灰：滑秸＝100：4（重量比）。滑秸截断为5～6厘米，加水调匀，放至滑秸烧软后使用效果较好。掺入滑秸的作用是增加泥的拉结力，使泥不容易下滑。滑秸泥如图1-6所示。

图1-6 滑秸泥

除此之外，在传统灰浆中还可以掺入一些其他材料，如血料、锯末、蒲棒、砂子、焦渣、煤灰等。掺入这些材料，可起到不同的作用，如血料增加灰的黏稠度，焦渣增加灰的硬度。另外，这些材料替代部分主料，也降低了成本。

例题：

1. 现代民居修缮使用成品灰粉调制泼灰时，大概在什么时候泡制？（ ）
A. 提前一个月泡制，时间越长越好
B. 提前 20 天，充分熟化，避免生灰起拱
C. 提前 8 小时左右，第二天使用，第一天晚上泡制即可
D. 使用时临时调制即可，不用提前泡制
辨析： 考查成品灰粉泡制时间，使用现代成品灰粉提前 8 小时泡制。
答案： C

2. 关于古建筑红灰，下列说法错误的是（ ）。
A. 红灰应使用红土粉调制颜色，文物建筑不使用氧化铁红颜料
B. 红灰可用于墙体抹灰
C. 红灰可用于黄琉璃瓦的捉节灰
D. 红灰可用于绿琉璃瓦的捉节灰
辨析： 考查红灰用途，黄琉璃瓦使用红灰进行捉节夹垄，蓝色、绿色琉璃瓦使用青灰进行捉节夹垄。
答案： D

3. 瓦作施工时，经常使用麻刀灰。调制中麻刀灰，灰与麻的比例是（ ）。
A. 100∶5
B. 100∶4
C. 100∶3
D. 100∶1.5
辨析： 考查中麻刀灰的配比，中麻刀灰的灰与麻刀之比为 100∶4。
答案： B

4. （ ）瓦瓦时抹在两块筒瓦之间缝隙的灰称为捉节灰。
辨析： 考查各部位灰的名称。捉节是两片筒瓦相连处缝隙所在的位置。
答案： 正确

1.3 瓦工工具

瓦工工具多种多样,包括土作和瓦作的工具。土作工具以夯筑地基的工具为主。在现代民居修缮中,有些工具被现代化工具所替代,如电夯替代了传统木夯。在一些施工细节的操作中,瓦工还制作自己顺手的工具,如在墙体耕缝时自己制作勒子。

1.3.1 常用土作工具

常用土作工具主要有木夯、雁别翅、碾、拐子、拍子、搂耙等,如图 1-7 所示。

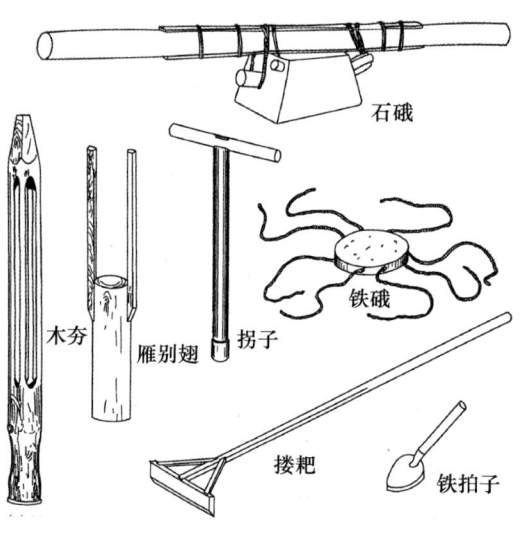

图 1-7 土作工具

木夯由一段木材掏出四边的把手制作而成,是夯土的主要工具。以夯底直径分为大夯和小夯,由于小夯做法的施工更为复杂,夯筑效果更好,所以小夯做法要高于大夯做法。木夯由一至二人操作,两人操作时分立木夯两侧,双手执夯,高举下砸。

碾有石碾和铁碾等几种,属于重型的夯类工具,施工时由多人操作,用于大型场地平整打底。雁别翅属于小型的夯类工具,由一段木材两侧增加把手制作而成,多由一人操作。现代施工中使用电夯或油夯替代传统的夯类工具。

拐子是打拐眼时用的工具,搂耙是平整场地时使用的工具,铁拍子是将松软的土拍实的工具。以上这些传统土作工具在现代瓦工修缮时仍然是常用工具。

1.3.2 常用瓦工工具

常用瓦工工具主要有瓦刀、托灰板、抹子、靠尺和水平尺、线坠、墨斗、大铲、刨锛、皮数杆、溜子等。

1. 瓦刀

瓦刀是瓦工最重要的工具,主要功能是破碎砖,挖取灰料涂抹在砖瓦之上,也用于瓦瓦或修补屋面时瓦面夹垄和裹垄后的赶轧等。瓦刀由薄钢板制作,呈刀状,如图 1-8

所示。

2. 托灰板

托灰板用于抹墙时托灰。施工时工人将灰料放在托灰板上，一手拿托灰板，一手拿抹子方便操作。托灰板以前多为木制，现在大多数为塑料制品，如图1-9所示。

3. 抹子

抹子是用于墙面抹灰的工具。施工时工人用抹子把灰料涂抹到墙体，均匀平整地涂抹开，经过多次赶压使得墙面平整。根据使用位置和工艺手法不同，抹子分方头、尖（圆）头两种形状，大号和小号两种规格，材质也有木质和钢制之分，如图1-10所示。

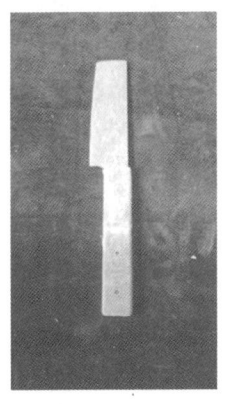
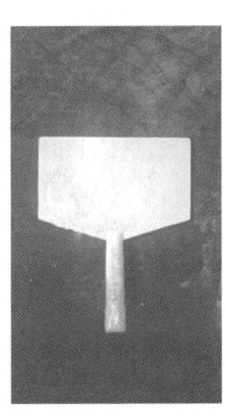
 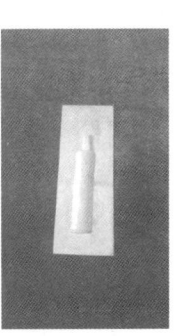

(a) 木抹子　　(b) 钢抹子

图1-8　瓦刀　　　　图1-9　托灰板　　　　图1-10　抹子

4. 靠尺和水平尺

靠尺多用一块木板自制而成，是墙面找平的必备工具，可以用作垂直度检测、水平度检测、平整度检测。使用时将靠尺放在抹好的墙面上，观察灰与靠尺之间的缝隙，即可检查墙面的平整度。现代施工时也使用水平尺进行检测，水平尺内有横、竖、斜三路气泡，可以观察墙体是否水平或垂直，如图1-11所示。

5. 线坠

线坠又称铅锤，由金属铸成的圆锥形的物体加垂线组成，主要用于物体的垂直测量，以确定的轴线交点为基准，直接向各施工层悬吊引测轴线，如图1-12所示。

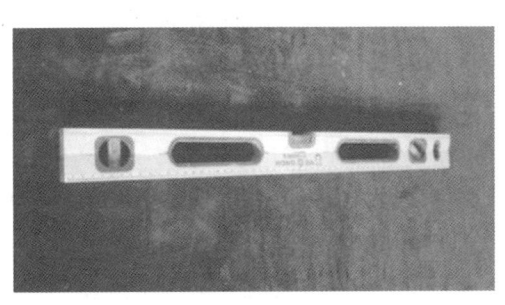 

图1-11　水平尺　　　　　　图1-12　线坠

6. 墨斗

墨斗主要用于画长直线。墨斗后边有一个手摇转动的轮，用来缠墨线，前端有墨仓，放有墨汁。墨线由目轮经墨仓细孔牵出，固定于一端，找好画线位置弹一下即可画上直线，然后用转动线轮将墨线收回，如图1-13所示。

7. 大铲

大铲的作用是在和灰的过程中翻拌灰料，一般由钢板制成，前端较尖，后端有把手，如图1-14所示。

8. 刨锛

刨锛是泥瓦匠的一种工具，一头锤状，可用于敲击、打碎砖瓦，另一头扁状，类似木工的斧子，可以砍劈物体，如图1-15所示。

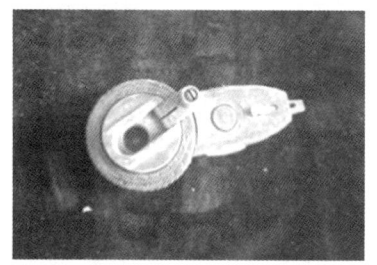  

图1-13　墨斗　　　　　　　图1-14　大铲　　　　　　　图1-15　刨锛

9. 皮数杆

皮数杆又称皮数尺，一般由一根木杆制作而成，是在杆上画有砖皮数、砖缝厚度，以及门窗洞口、过梁等标高位置的标志杆。使用时立于墙角、内外墙交接处、楼梯间及洞口较多的地方，作为砌墙施工时的标志物。

10. 溜子

溜子或称肋（勒）子，是一种自制工具，用于墙体勾缝。

在砖墙耕缝时，使用溜子在砖缝之间划过，砖缝变得整齐平整。这种类型的溜子一般使用金属棍磨制，也有在木头上插入钉子的，如图1-16（a）所示。

在石墙做缝时，对石块之间的缝隙抹灰，使用类似的工具将凸出的灰反复赶轧光滑。这类工具也用钢片制作，形状不同，形成缝的造型也不同，如图1-16（b）所示。

(a) 砖墙耕缝的溜子　　　　(b) 石墙做缝的工具

图1-16　溜子

例题：

1. 下列关于硪的描述，说法正确的是(　　)。
A. 硪属于重型的夯类工具
B. 硪在使用时一般由单人操作
C. 硪使用木材两侧增加把手制作而成
D. 硪是打拐眼时用的工具

辨析：考查传统土作工具硪的知识。硪是重型的夯类工具，施工时由多人操作，用于大型场地平整打底。

答案：A

2. 在传统瓦工墙面抹灰时，将灰料涂抹平整的工具是(　　)。
A. 瓦刀
B. 水平尺
C. 托灰板
D. 抹子

辨析：考查瓦工工具的用途。用于墙面抹灰的工具是抹子。

答案：D

3. 在墙体砌筑时，需要将砖截短，应使用(　　)。
A. 瓦刀
B. 抹子
C. 托灰板
D. 刨锛

辨析：考查瓦工工具的用途。截短砖的工具是瓦刀。

答案：A

4. (　　)溜子用于墙体耕缝。

辨析：考查瓦工工具的用途。溜子用于墙体耕缝。

答案：正确

1.4 砖 料

古建筑烧砖工艺在明清时期技术日渐成熟，上至皇宫重要宫殿使用的金砖，下至一般小式建筑所用的糙砖，古建筑用砖的整体质量得到提升，从而改变了古建筑外观，出现了两侧山墙砌筑到顶的硬山建筑，也出现了后檐墙封住椽子的封后檐墙做法。

根据古建筑砖的形状，可分为较大体量的城砖、普通的条状砖和方形砖。此外，大多数古建筑砖在砌筑前要进行砍磨加工，没有经过砍磨加工的称为糙砖。以下所述砖的尺寸，均为现代砖料糙砖的尺寸。

1.4.1 条形砖

1. 澄浆城砖和停泥城砖

澄浆城砖和停泥城砖是古建筑用砖中尺寸最大的砖体（澄浆、停泥指制砖的两种工艺）。这两种砖多用于宫殿建筑或大式墙身干摆、丝缝、大式墁地、檐料、杂料等，在小式民居修缮中很少见到。

2. 大城样和二城样

大城样和二城样旧时多用于城墙等处的砌筑，所以又称为"大城砖"和"二城砖"。这两种砖用于小式下碱干摆、大式地面、大式墙面、檐料、杂料等。大城砖尺寸为480mm×240mm×130mm，二城砖尺寸为440mm×220mm×110mm。在民居修缮尤其是大杂院修缮时，经常会看到拆除旧城墙，将城砖用作民房修建的情况。

3. 大停泥砖和小停泥砖

大小停泥砖是目前民居修缮中的常见砖料，用于大式墙面、小式墙面、地面、檐料、杂料等。大停泥砖尺寸为320mm×160mm×80mm，小停泥砖尺寸为280mm×140mm×70mm，如图1-17所示。

图1-17 停泥砖

4. 开条砖

开条砖也分为大小开条，开条指在砖最大的一面中部有一条细长的浅沟。在有需要时，可以沿着这条浅沟，加工成窄条砖。现在多用直接加工好的各类异型砖，因此在施工现场也减少了很多砖的砍磨加工。

5. 贴面砖

贴面砖是20世纪80年代后期研制的新材料，在传统建筑外观恢复时，有些修缮项目需要使用到古建贴面砖。在贴面砖施工时，要注意整体排砖效果应该与砖砌筑时保持一致。贴面砖尺寸与常见大小停泥砖的宽高相同，厚度在1cm左右。施工时可根据需要，模仿干摆、丝缝等做法进行贴面，丝缝做法贴面后，也需要耕缝。

6. 现代红砖

现代红砖是民居修缮中常用的砖料之一，一般用于不露明的、背里墙面内部砌砖。在墙体内部通常使用红砖砌筑，外部抹灰。红砖的尺寸为240mm×115mm×53mm。在文物建筑中，一般不使用现代红砖。红砖如图1-18所示。

图1-18 红砖

1.4.2 方砖

1. 尺二方砖

方砖指砖的一面为正方形的砖料，其中尺二方砖是小式民居修缮中最常用的方砖。尺二指方砖的边以一尺二寸见方，多用于小式墁地、博缝、檐料、杂料等。尺寸为400mm×400mm×60mm。尺二方砖如图1-19所示。

图1-19 尺二方砖

2. 其他方砖

除常用尺二方砖以外，还有一些尺寸更大的方砖，用于体量更大的建筑。如：尺四方砖，尺寸为 470mm×470mm×60mm；二尺方砖，尺寸为 640mm×640mm×96mm；等等。

在尺寸名称前面加上"足"，如足尺七方砖，尺寸为 570mm×570mm×60mm，名称中的"足"意为充足、足够的意思。

除了足尺寸的方砖外，还有比该规格略小的方砖，在尺寸名称前面加"形"字。"形"就是形如的意思。如足尺七方砖的尺寸为 570mm×570mm×60mm，形尺七方砖的尺寸为 550mm×550mm×60mm 或 500mm×500mm×60mm。

各类古建筑方砖中，等级最高的是金砖，其制作工艺复杂，用于重要的宫殿建筑。还有一种琉璃釉面的砖，通常是黄色和绿色琉璃的，用于砌筑琉璃勾栏等墙体，在民居修缮中很少用到。

1.4.3 砖加工

传统古建筑砖瓦在施工现场都需要经过砍磨加工再使用。砍活指用瓦刀将砖截断，最简单也是最常见的加工就是在砌筑砖墙时，使用瓦刀将砖截短使用。磨制指使用磨头等工具将砖磨制平整，磨出想要的形状。现代制砖技术进一步发展，很多砖料都有预制的，大幅降低了在现场砍磨加工的工作量。披水砖成品如图 1-20 所示。

图 1-20 经过磨制的披水砖成品

不同的墙体砌筑做法对应使用不同方法磨制的砖，干摆墙使用五扒皮砖，丝缝墙使用膀子面砖，淌白墙使用淌白砖，糙砌砖墙不用砍砖。

例题：

1. 现行大停泥砖的尺寸是（　　）。
A. 440mm×220mm×110mm
B. 320mm×160mm×80mm
C. 480mm×240mm×130mm
D. 240mm×120mm×60mm

辨析：考查常用砖的尺寸。大停泥砖的尺寸为320mm×160mm×80mm。

答案：B

2. 尺二方砖是方砖的一种，是小式民居常用方砖，一般不应用于（　　）。
A. 小式墁地
B. 博缝
C. 台基斗板
D. 檐料

辨析：考查尺二方砖的用途。尺二方砖常用于小式墁地、博缝、檐料、杂料。

答案：C

3. 关于使用仿古贴面砖进行仿古建筑施工时，以下说法错误的是（　　）。
A. 贴面砖排砖效果应该与砖砌筑时保持一致，尤其注意转角位置
B. 贴面砖的尺寸选择，应根据需要选用与常见古建大小停泥砖相同的尺寸
C. 根据实际需要，贴面砖可模仿干摆、丝缝等做法进行贴面
D. 使用贴面砖模仿丝缝墙时，可不做耕缝处理，保留原始缝隙

辨析：考查仿古贴面工程做法。在贴面砖施工时，要注意整体排砖效果应该与砖砌筑时保持一致。

答案：D

4. （　　）墙体干摆做法，对应的砖加工应是五扒皮砖。

辨析：考查砖加工的等级。干摆墙使用五扒皮砖。

答案：正确

1.5 瓦 件

1.5.1 琉璃瓦

1. 琉璃瓦颜色

古建筑琉璃瓦的常见颜色主要有黄色、绿色、蓝色、黑色，其中黄色琉璃瓦的等级最高。此外，还有介于蓝色和绿色之间的孔雀蓝（绿）、米白色的琉璃等各种颜色。琉璃瓦呈现出的颜色是瓦件上釉彩在窑内高温下产生的。

在古建筑的各类瓦中还有一种规格和琉璃瓦一致，但不刷釉面的瓦件，称为削割瓦，烧制完成的瓦件呈灰白或灰黑色。

2. 琉璃瓦尺寸

琉璃瓦共分为八个尺寸等级，从大到小分别是"二样"至"九样"。现存瓦件二样最大，九样最小。其中二样、三样、四样是较大的瓦件，八样和九样用于比较小的门头、墙帽等处。琉璃瓦屋面的底瓦称为板瓦，盖瓦一律使用筒瓦造型。琉璃瓦尺寸详见表1-4。

表1-4 琉璃瓦尺寸　　　　　　　　　　　　　　　　单位：mm

		筒瓦	板瓦（囊）	勾头	滴水
二样	长 宽 高（囊）	400 208 104	432 352 72.9	432 208 104	432 352 176
三样	长 宽 高（囊）	368 192 96	400 320 66.3	400 192 96	416 320 160
四样	长 宽 高（囊）	352 176 88	384 304 63	368 176 88	400 304 144
五样	长 宽 高（囊）	336 160 80	368 272 56.4	352 160 80	384 272 128
六样	长 宽 高（囊）	304 144 72	336 256（240） 53（49.7） （清中期前）	320 144 72	352 256 112
七样	长 宽 高（囊）	288 128 64	320 224 46.4	304 128 64	320 224 96
八样	长 宽 高（囊）	272 112 56	304 208 43.1	288 112 56	304 208 80

续表

		筒瓦	板瓦（囊）	勾头	滴水
九样	长	256	288	272	288
	宽	96	192	96	192
	高（囊）	48	39.8	48	64

3. 琉璃脊件

琉璃脊件对应瓦件的八个尺寸规格。常规情况下脊件尺寸与瓦件相匹配，在一些特殊的地方，根据实际情况使用放大或缩小的脊件，使得建筑整体美观协调。琉璃脊件多是独立烧制而成的，如正通脊、群色条、脊兽等。在实际施工时，也有在现场对琉璃脊件再加工，截短使用的例子。

1.5.2 布瓦

1. 筒瓦和合瓦

在民居修缮中最常见的是布瓦屋面，因其颜色为灰黑色，在古建筑施工中又称为黑活屋面。布瓦屋面有两种，一种是筒瓦屋面，另一种是合瓦屋面。

（1）筒瓦

黑活筒瓦屋面是形如琉璃瓦的屋面形式，是由底瓦和筒形的盖瓦组成。底瓦延伸到檐头部分时，最后一片底瓦使用三角形的滴水瓦，最后一片盖瓦使用带有圆形的勾头瓦，黑活筒瓦屋面可称为猫头瓦。筒瓦如图1-21所示。

(a) 筒形盖瓦

(b) 筒瓦勾头（猫头）

图1-21 筒瓦

（2）合瓦

黑活合瓦屋面是小式民居中最常见的屋面形式。合瓦屋面是使用底瓦正反铺设的，所以也称阴阳瓦屋面。瓦垄延伸到檐头部分时，最后一片使用花边瓦。合瓦如图1-22所示。

(a) 底瓦

(b) 花边瓦

图1-22 合瓦

2. 布瓦尺寸

布瓦共分为五个尺寸等级,从大到小分别是"头号""1号""2号""3号""10号"。板瓦有大头和小头,其宽度指的是大头的宽度。另外,筒瓦的勾头瓦、滴水瓦和合瓦的花边瓦均比同规格的瓦件长20mm。布瓦尺寸详见表1-5。

表1-5 布瓦尺寸　　　　　　　　　　　　　　　单位:mm

		筒瓦	板瓦
头号	长 宽	305 160	225 225
1号	长 宽	210 130	200 200
2号	长 宽	190 110	180 180
3号	长 宽	170 90	160 160
10号	长 宽	90 70	110 110

3. 黑活脊件

黑活脊件多是用砖磨制而成的,现代有成品黑活脊件可以选择使用。黑活脊兽是独立烧制而成的。常规情况下脊件尺寸与瓦件相匹配,使得屋面整体美观。黑活瓦件和脊件被雨水淋湿后,会吸收水分增加自重。

例题：

1. 古建筑琉璃瓦中等级最高的是( )。
A. 黄琉璃瓦
B. 绿琉璃瓦
C. 蓝琉璃瓦
D. 黑琉璃瓦

辨析：考查琉璃瓦颜色等级。黄色琉璃瓦等级最高。
答案：A

2. 黑活屋面 2 号筒瓦的尺寸是( )。
A. 305mm×160mm
B. 190mm×110mm
C. 170mm×90mm
D. 90mm×70mm

辨析：考查筒瓦尺寸。2 号筒瓦尺寸是 190mm×110mm。
答案：B

3. 小式黑活布瓦屋面有两种瓦的形式，分别是( )。
A. 筒瓦和琉璃瓦
B. 琉璃瓦和削割瓦
C. 削割瓦和合瓦
D. 合瓦和筒瓦

辨析：考查小式黑活布瓦屋面的瓦面类型。布瓦屋面有两种，一种是筒瓦屋面，另一种是合瓦屋面。
答案：D

4. ( )民居修缮中常见的是琉璃瓦屋面。

辨析：考查民居常见屋面形式。民居中常见的是布瓦屋面。
答案：错误

2 古建筑安全生产

本章内容简介：本章介绍瓦工安全生产相关知识，包括安全生产常识、事故、安全生产法规的相关知识，以及安全防护用品的功能、使用方法和维护方法。

2.1 安全生产常识

2.1.1 安全生产要求

1. 安全生产的定义

安全生产是为了使生产过程在符合物质条件和工作秩序下进行,防止发生人身伤亡和财产损失等生产事故,消除或控制危险、有害因素,保障人身安全与健康、设备和设施免受损坏、环境免遭破坏的总称。

2. 安全生产管理

安全生产管理是工程管理的重要组成部分,是安全科学的一个分支。安全生产管理就是针对人们生产过程的安全问题,运用有效的资源,发挥人们的智慧,通过人们的努力,进行有关决策、计划、组织和控制等活动,实现生产过程中人与机器设备、物料、环境的和谐,达到安全生产的目标。

3. 安全生产管理的目标

安全生产管理的目标是减少和控制危害,减少和控制事故,尽量避免生产过程中由于事故所造成的人身伤害、财产损失、环境污染以及其他损失。安全生产管理包括安全生产法制管理、行政管理、监督检查、工艺技术管理、设备设施管理、作业环境和条件管理等。

4. 安全生产管理的对象

安全生产管理的基本对象是企业的员工,涉及企业中的所有人员、设备设施、物料、环境、财务、信息等各个方面。在施工过程中的全体人员均应是安全生产的责任人,任何人在施工现场发现了安全生产隐患,绝对不能视而不见。发现安全隐患后,应通过各种途径上报,尽快排除隐患,确保不发生安全生产事故。

5. 安全生产管理的内容

安全生产管理的内容包括:安全生产管理机构和安全生产管理人员、安全生产责任制、安全生产管理规章制度、安全生产策划、安全培训教育、安全生产档案等。

2.1.2 事故

1. 事故的定义

在国际劳工组织制定的一些指导性文件,如《职业事故和职业病记录与通报实用规程》中,将"职业事故"定义为:由工作引起或者在工作过程中发生的事件,并导致致命或非致命的职业伤害。我国事故的分类方法有多种。

按照导致事故发生的原因,根据《企业职工伤亡事故分类》(GB 6441—1986),将工伤事故分为20类,分别为物体打击、车辆伤害、机械伤害、起重伤害、触电、淹溺、灼烫、火灾、高处坠落、坍塌、冒顶片帮、透水、放炮、火药爆炸、瓦斯爆炸、锅炉爆炸、容器爆炸、其他爆炸、中毒和窒息及其他伤害等。《生产安全事故报告和调查处理条例》(国务院令第493号)将"生产安全事故"定义为:生产经营活动中发生的造成人身伤亡或者直接经济损失的事件。

2. 事故的分类

根据生产安全事故造成的人员伤亡或者直接经济损失，事故一般分为以下等级：

（1）特别重大事故，特指造成30人以上（包括30人）死亡，或者100人以上（包括100人）重伤（包括急性工业中毒，下同），或者1亿元以上（包括1亿元）直接经济损失的事故；

（2）重大事故，是指造成10人以上（包括10人）30人以下死亡，或者50人以上（包括50人）100人以下重伤，或者5000万元以上（包括5000万元）1亿元以下直接经济损失的事故；

（3）较大事故，是指造成3人以上（包括3人）10人以下死亡，或者10人以上（包括10人）50人以下重伤，或者1000万元以上（包括1000万元）5000万元以下直接经济损失的事故；

（4）一般事故，是指造成3人以下死亡，或者10人以下重伤，或者1000万元以下直接经济损失的事故。

3. 事故隐患

国家安全生产监督管理总局颁布的第16号令《安全生产事故隐患排查治理暂行规定》，将"安全生产事故隐患"定义为：生产经营单位违反安全生产法律、法规、规章、标准、规程和安全生产管理制度的规定，或者因其他因素在生产经营活动中存在可能导致事故发生的物的危险状态、人的不安全行为和管理上的缺陷。

事故隐患分为一般事故隐患和重大事故隐患。一般事故隐患是指危害和整改难度较小，发现后能够立即整改排除的隐患。重大事故隐患是指危害和整改难度较大，应当全部或者局部停产停业，并经过一定时间整改治理方能排除的隐患，或者因外部因素影响致使生产经营单位自身难以排除的隐患。

4. 危险源

从安全生产角度，危险源是指可能造成人员伤害、疾病、财产损失、作业环境破坏或其他损失的根源或状态。

根据危险源在事故发生、发展中的作用，一般把危险源划分为两大类，即第一类危险源和第二类危险源。

第一类危险源是指生产过程中存在的，可能发生意外释放的能量，包括生产过程中各种能量源、能量载体或危险物质。第一类危险源决定了事故后果的严重程度，它具有的能量越多，发生的事故后果越严重。

第二类危险源是指导致能量或危险物质约束或限制措施破坏或失效的各种因素。广义上包括物的故障、人的失误、环境不良以及管理缺陷等因素。第二类危险源决定了事故发生的可能性，它出现得越频繁，发生事故的可能性越大。

5. 事故的成因

《生产过程危险和有害因素分类与代码》（GB/T 13861—2022），将生产过程中的危险和有害因素分为4大类。

（1）人的因素

一是心理、生理性危险和有害因素；二是行为性危险和有害因素。

（2）物的因素

一是物理性危险和有害因素；二是化学性危险和有害因素；三是生物性危险和有害因素。

（3）环境因素

一是室内作业场所环境不良；二是室外作业场地环境不良；三是地下（含水下）作业环境不良；四是其他作业环境不良。

（4）管理因素

一是职业安全卫生管理机构设置和人员配备不健全；二是职业安全卫生责任制不完善或未落实；三是职业安全卫生管理制度不完善或未落实；四是职业安全卫生投入不足；五是其他管理因素缺陷。

6. 事故的类别

参照《企业职工伤亡事故分类》（GB 6441—1986），综合考虑起因物、引起事故的诱导性原因、致害物、伤害方式等，将危险因素分为20类。其中前10类和古建筑房屋修缮关联性更强。

（1）物体打击

物体打击指物体在重力或其他外力的作用下产生运动，打击人体，造成人身伤亡事故，不包括因机械设备、车辆、起重机械、坍塌等引发的物体打击。

（2）车辆伤害

车辆伤害指企业机动车辆在行驶中引起的人体坠落和物体倒塌、下落、挤压伤亡事故，不包括起重设备提升、牵引车辆和车辆停驶时发生的事故。

（3）机械伤害

机械伤害指机械设备运动（静止）部件、工具、加工件直接与人体接触引起的夹击、碰撞、剪切、卷入、绞、碾、割、刺等伤害，不包括车辆、起重机械引起的机械伤害。

（4）起重伤害

起重伤害指各种起重作业（包括起重机安装、检修、试验）中发生的挤压、坠落（吊具、吊重）、物体打击等。

（5）触电

触电指人体直接接触电源，一定量的电流通过人体，致使组织损伤和功能障碍甚至死亡。触电分为电击、电伤两种。

（6）淹溺

淹溺包括高处坠落淹溺，不包括矿山、井下透水淹溺。

（7）灼烫

灼烫指火焰烧伤、高温物体烫伤、化学灼伤（酸、碱、盐、有机物引起的体内外灼伤）、物理灼伤（光、放射性物质引起的体内外灼伤），不包括电灼伤和火灾引起的烧伤。

（8）火灾

火灾指在时间或空间上失去控制的燃烧所造成的灾害。在各种灾害中，火灾是最经常、最普遍的威胁公众安全和社会发展的主要灾害之一。

(9) 高处坠落

高处坠落指在高处作业中发生坠落造成的伤亡事故，不包括触电坠落事故。

(10) 坍塌

坍塌指物体在外力或重力作用下，超过自身的强度极限或因结构稳定性破坏而造成的事故，如挖沟时的土石塌方、脚手架坍塌、堆置物倒塌等，不适用于矿山冒顶片帮和车辆、起重机械、爆破引起的坍塌。

后 10 类在古建筑修缮中不常见，但也应该注意。

2.1.3　安全生产法律法规

《全国人民代表大会常务委员会关于修改〈中华人民共和国安全生产法〉的决定》已由中华人民共和国第十三届全国人民代表大会常务委员会第二十九次会议于 2021 年 6 月 10 日通过，自 2021 年 9 月 1 日起施行。

为了加强安全生产工作，防止和减少生产安全事故，保障人民群众生命和财产安全，促进经济社会持续健康发展，制定本法。以下为法案节选：

在中华人民共和国领域内从事生产经营活动的单位（以下统称生产经营单位）的安全生产及其监督管理，适用本法；有关法律、行政法规对消防安全和道路交通安全、铁路交通安全、水上交通安全、民用航空安全以及核与辐射安全、特种设备安全另有规定的，适用其规定。

安全生产工作应当以人为本，坚持人民至上、生命至上，把保护人民生命安全摆在首位，树牢安全发展理念，坚持安全第一、预防为主、综合治理的方针，从源头上防范化解重大安全风险。

安全生产工作实行管行业必须管安全、管业务必须管安全、管生产经营必须管安全，强化和落实生产经营单位主体责任与政府监管责任，建立生产经营单位负责、职工参与、政府监管、行业自律和社会监督的机制。

生产经营单位必须遵守本法和其他有关安全生产的法律、法规，加强安全生产管理，建立健全全员安全生产责任制和安全生产规章制度，加大对安全生产资金、物资、技术、人员的投入保障力度，改善安全生产条件，加强安全生产标准化、信息化建设，构建安全风险分级管控和隐患排查治理双重预防机制，健全风险防范化解机制，提高安全生产水平，确保安全生产。

平台经济等新兴行业、领域的生产经营单位应当根据本行业、领域的特点，建立健全并落实全员安全生产责任制，加强从业人员安全生产教育和培训，履行本法和其他法律、法规规定的有关安全生产义务。

生产经营单位的主要负责人是本单位安全生产第一责任人，对本单位的安全生产工作全面负责。其他负责人对职责范围内的安全生产工作负责。

生产经营单位的从业人员有依法获得安全生产保障的权利，并应当依法履行安全生产方面的义务。

工会依法对安全生产工作进行监督。生产经营单位的工会依法组织职工参加本单位安全生产工作的民主管理和民主监督，维护职工在安全生产方面的合法权益。生产经营单位制定或者修改有关安全生产的规章制度，应当听取工会的意见。

国务院和县级以上地方各级人民政府应当加强对安全生产工作的领导，建立健全安全生产工作协调机制，支持、督促各有关部门依法履行安全生产监督管理职责，及时协调、解决安全生产监督管理中存在的重大问题。

乡镇人民政府和街道办事处，以及开发区、工业园区、港区、风景区等应当明确负责安全生产监督管理的有关工作机构及其职责，加强安全生产监管力量建设，按照职责对本行政区域或者管理区域内生产经营单位安全生产状况进行监督检查，协助人民政府有关部门或者按照授权依法履行安全生产监督管理职责。

国务院应急管理部门依照本法，对全国安全生产工作实施综合监督管理；县级以上地方各级人民政府应急管理部门依照本法，对本行政区域内安全生产工作实施综合监督管理。

国务院交通运输、住房和城乡建设、水利、民航等有关部门依照本法和其他有关法律、行政法规的规定，在各自的职责范围内对有关行业、领域的安全生产工作实施监督管理；县级以上地方各级人民政府有关部门依照本法和其他有关法律、法规的规定，在各自的职责范围内对有关行业、领域的安全生产工作实施监督管理。对新兴行业、领域的安全生产监督管理职责不明确的，由县级以上地方各级人民政府按照业务相近的原则确定监督管理部门。

应急管理部门和对有关行业、领域的安全生产工作实施监督管理的部门，统称负有安全生产监督管理职责的部门。负有安全生产监督管理职责的部门应当相互配合、齐抓共管、信息共享、资源共用，依法加强安全生产监督管理工作。

生产经营单位应当具备本法和有关法律、行政法规和国家标准或者行业标准规定的安全生产条件；不具备安全生产条件的，不得从事生产经营活动。

生产经营单位的主要负责人对本单位安全生产工作负有下列职责：

（一）建立健全并落实本单位全员安全生产责任制，加强安全生产标准化建设；

（二）组织制定并实施本单位安全生产规章制度和操作规程；

（三）组织制定并实施本单位安全生产教育和培训计划；

（四）保证本单位安全生产投入的有效实施；

（五）组织建立并落实安全风险分级管控和隐患排查治理双重预防工作机制，督促、检查本单位的安全生产工作，及时消除生产安全事故隐患；

（六）组织制定并实施本单位的生产安全事故应急救援预案；

（七）及时、如实报告生产安全事故。

生产经营单位的全员安全生产责任制应当明确各岗位的责任人员、责任范围和考核标准等内容。

生产经营单位应当建立相应的机制，加强对全员安全生产责任制落实情况的监督考核，保证全员安全生产责任制的落实。

生产经营单位的安全生产管理机构以及安全生产管理人员履行下列职责：

（一）组织或者参与拟定本单位安全生产规章制度、操作规程和生产安全事故应急救援预案；

（二）组织或者参与本单位安全生产教育和培训，如实记录安全生产教育和培训情况；

（三）组织开展危险源辨识和评估，督促落实本单位重大危险源的安全管理措施；

（四）组织或者参与本单位应急救援演练；

（五）检查本单位的安全生产状况，及时排查生产安全事故隐患，提出改进安全生产管理的建议；

（六）制止和纠正违章指挥、强令冒险作业、违反操作规程的行为；

（七）督促落实本单位安全生产整改措施。

生产经营单位可以设置专职安全生产分管负责人，协助本单位主要负责人履行安全生产管理职责。

生产经营单位的安全生产管理机构以及安全生产管理人员应当恪尽职守，依法履行职责。

生产经营单位应当对从业人员进行安全生产教育和培训，保证从业人员具备必要的安全生产知识，熟悉有关的安全生产规章制度和安全操作规程，掌握本岗位的安全操作技能，了解事故应急处理措施，知悉自身在安全生产方面的权利和义务。未经安全生产教育和培训合格的从业人员，不得上岗作业。

生产经营单位采用新工艺、新技术、新材料或者使用新设备，必须了解、掌握其安全技术特性，采取有效的安全防护措施，并对从业人员进行专门的安全生产教育和培训。

生产经营单位的特种作业人员必须按照国家有关规定经专门的安全作业培训，取得相应资格，方可上岗作业。

特种作业人员的范围由国务院应急管理部门会同国务院有关部门确定。

例题：

1. 在房屋修建现场，安全生产管理针对的人员是（   ）。
   A. 安全员和项目经理
   B. 甲方管理安全的主管领导
   C. 乙方管理安全的主管领导
   D. 工程涉及的全体人员

   辨析： 考查安全生产管理的基本对象是企业的员工，涉及企业中的所有人员。
   答案： D

2. 某民居修复现场，工程车停放过程中，因视线遮挡向一面山墙墙体侧滑，墙体坍塌致一人受伤。按事故成因分类，该事故应属于（   ）。
   A. 机械伤害
   B. 坍塌
   C. 车辆伤害
   D. 物体打击

   辨析： 考查事故成因分类。该事故由于行驶中引起的物体倒塌致人受伤，应属于车辆伤害。
   答案： C

3. 现行《中华人民共和国安全生产法》自何日起施行？（   ）
   A. 自 2020 年 6 月 10 日起施行
   B. 自 2020 年 9 月 1 日起施行
   C. 自 2021 年 6 月 10 日起施行
   D. 自 2021 年 9 月 1 日起施行

   辨析： 考查《中华人民共和国安全生产法》自 2021 年 9 月 1 日起施行。
   答案： D

4. （   ）如遇一般事故隐患，应全部停产，排除隐患，确保不发生安全生产事故。

   辨析： 事故隐患分为一般事故隐患和重大事故隐患，其中遇重大事故隐患应全部或局部停产。
   答案： 错误

2.2 安全防护用品

2.2.1 安全防护用品概念

安全防护用品是指劳动者在劳动中为防御物理、化学、生物等外界因素伤害人体而穿戴和配备的各种物品的总称。

2.2.2 常用安全防护用品

1. 安全帽

安全帽的作用是保护头部不受到坠物和特定因素引起的伤害，由帽壳、帽衬、下颌带及其附件组成。安全帽具有缓冲减震作用和分散应力作用，在受到外力的冲击后，最大程度地保护头部不受伤害。安全帽如图2-1所示。

2. 防护眼镜和防护面罩

防护眼镜和防护面罩用以保护作业人员的眼睛、面部，防止外来伤害。分为焊接用眼防护具、炉窑用眼护具、防冲击眼护具、微波防护具、激光防护镜以及防X射线、防化学、防尘等眼护具。防护眼镜如图2-2所示。

图2-1 安全帽

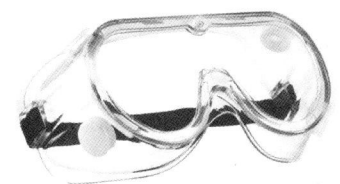
图2-2 防护眼镜

（1）防护眼镜和防护面罩使用前应检查：镜片是否容易脱落；透镜表面应充分研磨，不得有用肉眼可看出的伤痕、纹理、气泡、异物等；戴上透镜时，影像应绝对清晰，不得模糊不清。

（2）防护眼镜的使用注意事项：宽窄和大小要适合使用者的脸型；镜片磨损、镜架损坏，应及时调换；专人使用，防止传染眼病；焊接防护面罩的滤光片和保护片要按规定作业需要选用和更换；防止重摔重压，防止坚硬的物体摩擦镜片和面罩。

3. 防尘面罩

防尘面罩分为多次使用型和一次使用型。在有粉尘的环境下工作时，作业者必须佩戴防尘口罩。过滤式防尘面罩的作用仅仅是过滤空气中的有害物质，对缺氧空气环境下的作业者提供不了任何保护作用，因此不能用于缺氧环境、有毒环境以及具有挥发性颗粒物的环境。防尘过滤元件的使用寿命受颗粒物浓度、使用者呼吸频率、过滤元件规格及环境条件的影响,当呼吸阻力逐渐增加以致不能使用时,应按要求更换过滤元件。防尘面罩如图2-3所示。

4. 防护耳塞

听力保护器具主要有两大类:一类是置放于耳道内的耳塞,用于阻止声能进入;另一类是置于耳外的耳罩,限制声能通过外耳进入耳鼓及中耳和内耳。需要注意的是,这两种保护器具均不能阻止相当一部分的声能通过头部传导到听觉器官。

耳塞在使用后要注意清洁,也要注意耳塞和使用者的耳道是否匹配。虽然耳塞有好几种不同的尺寸,但要由经过考核的人员来决定佩戴者应使用的尺寸。因为各人的耳道大小不一,所以要用不同尺寸的耳塞。

防护耳塞的佩戴方法:耳塞需作卷折;一手绕过后脑,轻提耳部顶端;另一手轻柔地把耳塞推入耳道至适当深度;待耳塞膨胀恢复原状。防护耳塞如图2-4所示。

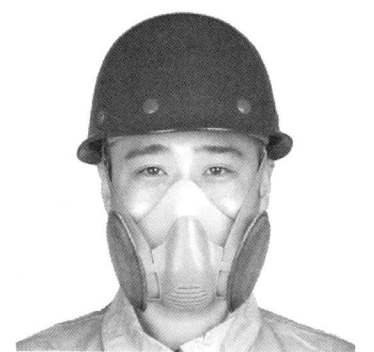
图2-3　防尘面罩

图2-4　防护耳塞

5. 防护耳罩

防护耳罩由可以盖住耳朵的套子和放在人脑上来定位的带子组成。套子通常装有树脂塑胶泡沫材料,达到把耳朵密封起来的效果。套子里填充了吸声材料。耳罩的密封性取决于耳罩的设计、密封的方法及佩戴的松紧程度。

防护耳罩的佩戴方法:使用防护耳罩时,应先检查罩壳有无裂纹和漏气现象;佩戴时应注意罩壳的穿戴方法,顺着耳廓的形状戴好;将连接弓架放在头顶适当位置,尽量使耳罩软垫圈与周围皮肤相互密合;如不合适时,应稍事移动耳罩或弓架,使其调整到合适位置。防护耳罩如图2-5所示。

6. 防护鞋

防护鞋用于防止足部伤害,有防滑鞋、防滑鞋套、防静电安全鞋、钢头防砸鞋等。防护鞋的使用和保养:不得擅自修改防护鞋的构造;穿着合适尺码的防护鞋;注意个人卫生,保持脚部及鞋履清洁干爽;定期清理防护鞋;将防护鞋贮存于阴凉、干爽和通风良好的地方。防护鞋如图2-6所示。

图2-5　防护耳罩

7. 防护手套

防护手套用于手部保护,主要有耐酸碱手套、电工绝缘手套、电焊手套、防X射线手套、石棉手套、丁腈手套等。防护手套如图2-7所示。

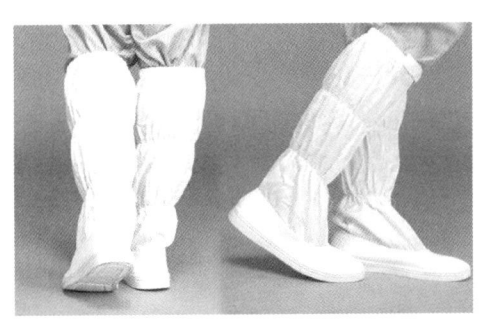

图2-6 防护鞋

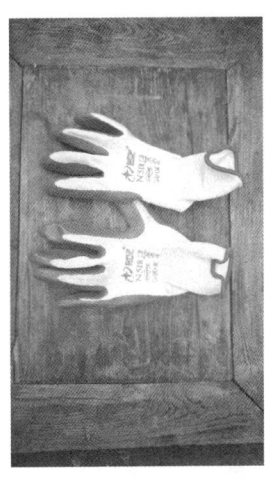

图2-7 防护手套

(1) 不同防护手套的应用:厚帆布手套多用于高温、重体力劳动者,如炼钢、铸造等工种;薄帆布、纱线、分指手套主要用于检修工、起重机司机和配电工等工种;翻毛皮革长手套主要用于焊接工种;橡胶或涂橡胶手套主要用于电气、铸造等工种。

(2) 防护手套使用注意事项:使用前检查手套是否损坏;带电作业用绝缘手套,要根据电压选择适当的手套,检查表面有无裂痕、发黏、发脆等缺陷,如有异常禁止使用;电、火焊工作业时戴的防护手套,应检查皮革或帆布表面有无僵硬、薄档、洞眼等残缺现象,如有缺陷,不准使用;手套要有足够的长度,手腕部不能裸露在外;摘下已污染的手套时应避免污染物外露及接触皮肤;再用式手套用后应彻底清洁及风干;选择适当尺码的手套,以免妨碍动作或影响手感;手套保存的地方应避免高温高湿场所,焊工手套不能洗,并且不要密封在塑料袋内以免变质或发霉;避免重物压放或折叠存放;电用橡胶手套若接触油污,应立即以酒精清洗,若以水清洗时,要立即用干布擦拭,并放置阴凉处风干;不能使用石油类有机溶剂清洁;避免受到太阳直接照射;操作各类机床或在有被夹挤危险的地方作业时严禁戴手套。

8. 防坠落护具

防坠落护具主要用于防止坠落事故发生,主要有安全带、安全绳两种。

(1) 安全带

安全带是防止高处坠落的安全用具。

建筑安全带是防止高处坠落的安全用具,使用规范如下:①高挂低用。②过去安全带用皮革、帆布或化纤材料制成,按国家标准现已生产了锦纶安全带。按工作情况分为高空作业锦纶安全带、架子工用锦纶安全带、电工用锦纶安全带等种类。③安全带要正确使用,不要扭曲。三点式腰部安全带应系得尽可能低些,最好系在髋部,不要系在腰部;肩部安全带不能放在胳膊下面,应斜挂胸前。

电工安全带是电工作业时防止坠落的安全用具,使用规范如下:①安全带使用期一一般为 3～5 年，发现异常应提前报废。②安全带的腰带和保险带、绳应有足够的机械强度，材质应有耐磨性，卡环（钩）应具有保险装置。保险带、绳使用长度在 3m 以上的应加缓冲器。③使用安全带前应进行外观检查——组件完整、无短缺、无伤残破损；绳索、编带无脆裂、断股或扭结；金属配件无裂纹、焊接无缺陷、无严重锈蚀；挂钩的钩舌咬口平整不错位，保险装置完整可靠；铆钉无明显偏位，表面平整。④安全带应系在牢固的物体上，禁止系挂在移动或不牢固的物件上。不得系在棱角锋利处。安全带要高挂和平行拴挂，严禁低挂高用。

（2）安全绳

安全绳是用来保护高空及高处作业人员人身安全的重要防护用品之一，正确使用安全绳是防止现场高空工作人员高空跌落伤亡事故，保证人身安全的重要措施之一。

安全绳的正确使用方法：将安全绳或逃生软梯一端固定在牢固的物体上，另一端挂扣在安全带上或缠绕在腰部，系好安全钩，并将安全绳顺着窗口抛向楼下；戴上防护手套，双手握住安全绳，左脚面勾住窗台，右脚蹬外墙面，待人平稳后，左脚移出窗外；两腿微弯，两脚用力蹬墙面的同时，双臂伸直，双手微松，两眼注视下方，沿安全绳下滑；当快接近地面时，右臂向前弯曲，勒紧绳带两腿弯曲，两脚尖先着地。

安全绳的使用注意事项：严格禁止把麻绳作为安全绳来使用；如果安全绳的长度超过了 3m，一定要加装缓冲器，以保证高空作业人员的安全；两个人不能同时使用一条安全绳；在进行高危作业时，为了使高空作业人员在移动中更加安全，在系好安全带的同时，要挂在安全绳上。

安全带、安全绳如图 2-8 所示。

图 2-8　安全带、安全绳

例题：

1. 进入施工现场应佩戴安全帽，下列哪个选项不是安全帽的作用？（   ）
A. 保护头部不受到坠物和特定因素引起的伤害
B. 缓冲减震作用，减少对头部的冲击
C. 分散应力作用，减轻对头部的磕碰
D. 通过安全帽减少头部接触粉尘，起到保护作用
辨析： 考查安全帽的作用。D 选项为防尘措施。
答案： D

2. 为了防止坠落事故发生，在高空作业时应使用哪种防护工具？（   ）
A. 安全带、安全绳
B. 防护鞋
C. 防护眼镜和防护面罩
D. 防护耳塞和防护耳罩
辨析： 考查安全带、安全绳的用途。为了防止坠落事故发生，应使用安全带、安全绳。
答案： A

3. 下列关于安全带的使用规范，说法正确的是（   ）。
A. 安全带要正确使用，可以扭曲使用
B. 安全带使用期一般为 3～5 年，发现异常应提前报废
C. 三点式腰部安全带可以系得高一些
D. 安全带可以系在移动的物件上
辨析： 考查安全带使用规范。
答案： B

4. （   ）防护眼镜和防护面罩使用前应检查，影像应绝对清晰，不得模糊不清。
辨析： 考查防护眼镜和防护面罩使用前的检查事项。
答案： 正确

3 古建筑房屋

本章内容简介：本章介绍古建筑房屋基本知识和民居院落基本知识，包括单体开间、面阔、进深、屋面基本类型、四合院各房屋名称和各类大门，此外，还介绍了古建筑木结构基础和中国古典园林的基础知识等。

3.1 房屋基础知识

3.1.1 单体开间

1. 古建筑单体

一个古建筑独立的个体称为"古建筑单体",古建筑院落往往是由许多个古建筑单体组成的,所以"单体"是古建筑的基本单位。传统的四合院就是由正房、厢房等多个单体组成的。民居中也按照方位称呼单体,如四合院的正房多数朝南,可以称作"北房"。

在房屋修缮管理过程中,因为构件是连续且互相支撑的,所以一般情况下,修复工作是按照单体进行修复的。

2. 开间

一个古建筑单体通常是由一个或多个开间组成的。一个开间由四根柱子合围而成。因为房屋是居中对称展开的,所以开间数量以单数常见,如三开间、五开间等,如图3-1所示。古建筑单体的最小单位是"开间"。

图 3-1 三开间古建筑单体(北京市东城区什锦花园胡同民居)

在房屋日常管理过程中,一个单体中的几个开间有可能归属不同的业主居住,管理时要按照开间进行管理。在实际修缮工作中,也有以开间为单位进行修缮的,因此要根据现场情况和实际房屋损坏程度等多个因素制订修缮方案。

3. 开间位置关系

在多开间建筑中,房屋正中的开间是"明间",明间两侧的开间是"次间",房屋两侧最靠外的开间是"梢间"。三个开间的房屋:梢间-明间-梢间;五个开间的房屋:梢间-次间-明间-次间-梢间。在标注构件时,往往会加入开间所在的方向,写"东侧梢间",厢房的"北侧梢间"等。五开间房屋如图3-2所示。

图 3-2　五个开间的古建筑单体

3.1.2　面阔和进深

1. 面阔

面阔又称为面宽，指房屋的开间方向。因为面阔方向多为房屋出檐，有时也用"檐面"形容面阔方向。面阔方向可用间数来描述，比如面阔五间。

一个房屋的面阔距离，是开间两侧柱子中线之间的距离。所有开间面阔的总和，称为"通面阔"，也就是从单体一侧最边上的柱子中线，到另外一侧最边上柱子中线的距离。

2. 进深

平面是矩形的房屋，与面阔方向垂直，房屋深度方向称为进深方向。因两侧多为山墙，有时也用"山面"形容进深方向。进深方向可用步数或椽数来描述，比如进深四步。

相邻两个檩中线之间的距离，称为这个步架的进深距离。所有步架进深的总和称为"通进深"，也就是前檐檩中线到后檐檩中线的距离。

面阔与进深各部分名称如图 3-3 所示。

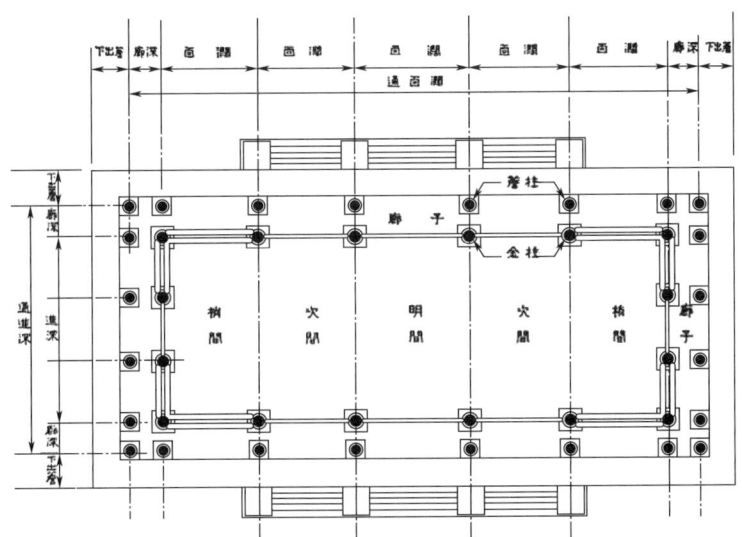

图 3-3　《清式营造则例》中面阔与进深

3. 面阔步架位置关系

（1）各开间面阔

古建筑在面阔方向以明间中线为中轴对称展开。各开间面阔的位置关系：明间面阔是所有开间中最宽的，两侧的开间比中间略小。如明间面阔为3000mm，次间面阔为2700mm。图3-2中五个开间的建筑，可以明显看出明间面阔比次间和稍间面阔略宽。

也有一些实例，外侧房屋也可以和内侧房屋面阔相等。如明间面阔为3000mm，次间面阔也是3000mm。图3-1中三个开间的建筑，三个开间的体量基本相同。

（2）各步架进深

在一般小式民居五檩房屋，中间有四个步架。这些步架的宽度一般是相等的，如通进深3840mm，四个步架每步960mm，如图3-4所示。但也有步架不相等的实例，需要具体问题具体分析。

图3-4 五檩步架实物

3.1.3 古建筑三段式

中国古建筑结构的总体特征，在外观上自下而上分成三段。《木经》（喻皓·宋）中有三分之说，"自梁以上为上分，地以上为中分，阶以下为下分"。一个完整的古建筑单体的建造过程，也是按照古建筑的下段、中段、上段三个部分依次施工的。

1. 古建筑下段

"阶以下为下分"，阶指的是台基。古建筑的下段包括地上的台基、台阶及地下的基础部分。在传统建筑中，地基基础夯筑属于土作，台基和台阶的砌筑属于石作的范畴。

2. 古建筑中段

"地以上为中分"，中段主要指屋身。"地"不是指大地地坪，而是指台基上的地面，也就是台明上皮。在现代建筑中是水平标高±0.000的位置。古建筑的中段内涵丰富，包括属于木作的，起支撑作用的木结构和装饰作用的木装修；瓦作的墙体；油漆作和彩画作的内容；内装修，包括裱糊作的内容。

3. 古建筑上段

"自梁以上为上分"，古建筑上段是屋顶。上段包括支撑屋顶的木构架和瓦面的部分，属于木作和瓦作的范畴。中段和上段在施工过程中，还需要搭脚手架。

作为古建筑瓦工,要掌握土作、瓦作、石作的知识。后面章节的内容是按照三段式从下到上的顺序,介绍古建筑瓦工需要掌握的理论知识。古建筑三段式如图3-5所示。

图3-5 古建筑三段式

3.1.4 古建筑屋面基本类型

1. 硬山建筑

硬山建筑的典型特征是两侧有山墙,山墙砌筑到顶,屋面垂脊压住山墙。硬山建筑出现最晚,在各类古建筑中等级最低。屋面包括一条正脊、四条垂脊、前后两坡屋面。硬山建筑如图3-6所示。

图3-6 硬山建筑(北京市东城区清华寺南配殿)

2. 悬山建筑

悬山建筑的典型特征是屋面延伸到山墙以外,悬山建筑比硬山建筑等级稍高,屋面相对较大。向两侧延伸出四椽四当,脊和屋面与硬山建筑一样。在民居建筑中,四合院垂花门含有悬山建筑的典型特征。悬山建筑如图3-7所示。

3. 歇山建筑

歇山建筑的典型特征是垂脊从正脊最高处,垂直向前后坡屋面伸展,再向四角延伸出翼角。屋面包括一条正脊、四条垂脊、四条戗脊、两条博脊、前后两坡、山面两侧两坡,共四坡屋面。歇山建筑如图3-8所示。

图3-7 悬山建筑(垂花门)

图 3-8 歇山建筑（重檐歇山式）

4. 庑殿建筑

庑殿建筑的典型特征是垂脊从正脊最高处出发，直接延伸到屋面四角。庑殿建筑的等级最高。屋面包括一条正脊、四条垂脊、前后两坡、山面两侧两坡，共四坡屋面。庑殿建筑如图 3-9 所示。

图 3-9 庑殿建筑（北京市东城区清华寺大殿）

5. 攒尖建筑

攒尖建筑的典型特征是垂脊向上集中到屋面最高宝顶处。一般情况下有四角、六角、八角、圆形等攒尖建筑。攒尖建筑最高处有宝顶，是几角攒尖，就有几条垂脊。攒尖建筑如图 3-10 所示。

这五种基本屋面类型中，歇山、庑殿、攒尖这三种都有重檐屋面，在小式民居中不常见。此外，其他造型的屋面不在初级瓦工中介绍。在四合院民居修缮中，最常见的是硬山建筑，也常见悬山特征的垂花门。有的院落里带有小型园林，常见攒尖的亭子。作为初级瓦工，至少要掌握硬山和悬山两种建筑。

图 3-10 攒尖建筑

例题：

1. 一个有连续五个开间的古建筑单体，最少由多少根柱子支撑？（ ）
   A. 8 根
   B. 12 根
   C. 16 根
   D. 20 根

   辨析：考查柱子位置关系。一个开间由四根柱子合围而成，但不能简单认为五个开间就是 20 根柱子。因柱子有共用的情况，所以五个开间最少由 12 根柱子支撑。

   答案：B

2. 下列关于硬山建筑特点的说法错误的是（ ）。
   A. 硬山建筑是古建筑中等级最低的
   B. 硬山建筑两侧有砌筑到屋面的山墙
   C. 硬山建筑有前后两坡屋面
   D. 硬山建筑有向两侧挑出的屋面

   解析：考查硬山建筑基本特点。D 选项是悬山建筑的特征，其他三个选项均是硬山建筑特征。

   答案：D

3. 关于开间面阔的叙述，下列说法错误的是（ ）。
   A. 次间的面阔可以与明间一样
   B. 稍间的面阔可以与次间一样
   C. 稍间的面阔可以比明间大
   D. 明间的面阔可以比次间大

   解析：考查开间的位置关系。外侧开间的面阔可以等于或小于内侧开间。

   答案：C

4. （ ）中国古建筑三段式下段包括台基、台阶、地下基础。

   解析：考查房屋三段式组成部分。古建筑"阶以下为下分"，包括台基、四周的台阶地面、地下基础。

   答案：正确

3.2 民居院落

3.2.1 四合院

中国北方传统民居院落以四合院为典型代表，这种四周合围、中轴对称的院落形式，早在商周时期就存在于中华大地上了。院落根据占地面积和地形，有一进四合院、二进四合院、三进四合院、多进院落、带跨院、带园林等多种形式。

以三进四合院为例，三进四合院中最南侧的是倒座房，倒座房开门在北侧第一进院内。大门一般在院落的东南角空一间房的位置，大门的高度比倒座房要高。进入大门后，有座山影壁。第一进院的北侧，中轴的位置是垂花门。

垂花门是院落的二门，进入二门后是第二进院。第二进院是整个院落的核心区域，北侧为正房，是整个院落最高大的房屋。院落东西两侧是东西厢房，正房两侧是较矮的耳房。通往第三进院的小门一般安排在东侧耳房。

正房后面是第三进院，整个院落最北侧是后罩房，如果做成二层楼可以称为后罩楼。三进四合院各房屋如图3-11所示。

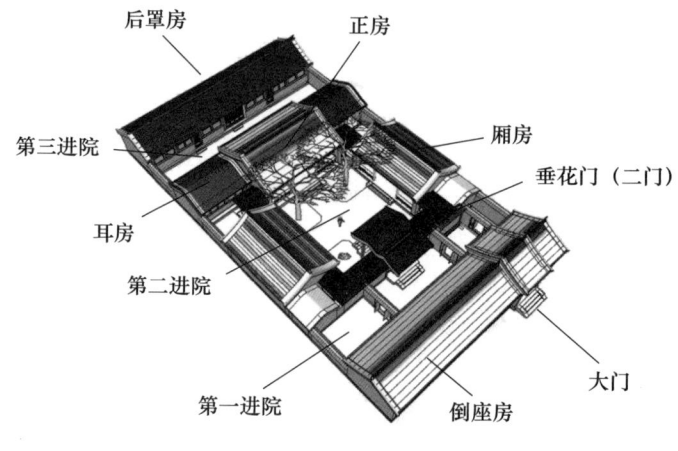

图3-11 三进四合院示意图

3.2.2 院落大门

古建筑民居院落的大门分为两大类：一类是使用房屋作为大门的"屋宇式"大门；另一类是不用房屋的大门，体量较小，随墙设置，称为"墙垣门"。古建筑院落的大门一般开设在东南角，在大门东侧留有一间门房。

1. 屋宇式大门

单个开间的屋宇式大门以开门位置区分不同类型的大门。大门的高度也一般比两侧的房屋稍高一些。

（1）门开在中柱位置的称为广亮大门。广亮大门在一般民居中是等级较高的，如图3-12所示。

图 3-12　广亮大门（北京市东城区北月牙胡同民居）

（2）门开在前金柱位置的称为金柱大门，如图 3-13 所示。

图 3-13　金柱大门（北京市东城区三眼井胡同民居）

（3）门开在前檐柱位置的称为蛮子门，如图 3-14 所示。

图 3-14　蛮子门（北京市东城区山老胡同民居）

（4）在檐柱位置砌墙开设小门的称为如意门，如图 3-15 所示。

图 3-15　如意门（北京市东城区三眼井胡同民居）

以上四类屋宇式大门等级从高到低，开门位置也越来越靠前，在民居修缮中都是常见的大门形式。等级更高的屋宇式大门，是使用多个开间房屋的王府大门。

2. 墙垣门

在民居中更常见不使用房屋作为门的大门形式。两侧为墙体，在门上有屋面的称为小门楼，小门楼也有硬山卷棚和做正脊等多种做法。没有门楼的称为随墙门，民居随墙门上多做花瓦装饰。小门楼如图 3-16 所示。

图 3-16　小门楼（北京市东城区黄化门大街民居）

例题：

1. 关于四合院大门，以下说法错误的是（　　）。
   A. 大门一般设置在四合院的东南侧
   B. 大门的高度比倒座房高
   C. 四合院大门一般是垂花门的形式
   D. 屋宇式大门一般是利用一间房当作大门

   解析：考查四合院大门相关知识。垂花门一般是院落的二门，其他三个选项均为大门的特征。
   答案：C

2. 以下哪类门不是屋宇式大门？（　　）
   A. 如意门
   B. 广亮大门
   C. 随墙门
   D. 王府大门

   解析：考查古建筑大门分类。随墙门是墙垣门的一种，其他均为屋宇式大门。
   答案：C

3. 古建筑四合院的倒座房一般是（　　）。
   A. 北房
   B. 南房
   C. 东房
   D. 西房

   解析：考查四合院各房屋位置和名称。标准方向的四合院正房是北房，厢房是东西房，倒座房为南房。
   答案：B

4. （　　）如意门和蛮子门，开门位置在前檐柱轴线上。

   解析：考查大门开门位置关系。蛮子门开门在前檐柱，如意门在前檐柱砌墙开门，位置也在前檐柱的轴线上。
   答案：正确

3.3 木结构和园林基础

作为古建筑瓦工必知必会的古建筑知识，本节简单介绍木结构和园林的基础常识。

3.3.1 七檩硬山木结构

硬山建筑是古建筑中最普遍的形式，无论住宅、园林、寺庙中都有大量的硬山建筑。在中国北方官式民居中，小式硬山建筑以抬梁式木结构最为普遍。下面以七檩硬山古建筑的木结构为例进行介绍。

1. 下层架部分

下层架部分是檐柱（台基之上）以上到梁以下的木结构。由下至上依次是檐（金）柱、穿插枋、随梁枋和檐（金）枋。这部分木结构主要起支撑作用，将上层梁架的荷载传导到台基。

2. 上层架部分

上层架部分是由梁架到屋面木基层的木结构。由下至上依次是抱头梁、前檐垫板、五架梁、下金垫板、金瓜柱、上金枋、三架梁、上金垫板、脊瓜柱、脊角背、脊枋、脊垫板和脊檩。这部分木结构的作用主要是逐层抬升梁架，形成屋面曲线，将屋面的荷载传导到下层木结构。

3. 屋面木基层

屋面木基层即上层梁架之上的部分。由下至上依次是椽子、望板、连檐、瓦口等。其主要作用是形成屋面的基础，为瓦面工程做好准备。

硬山七檩木构架如图 3-17 所示。

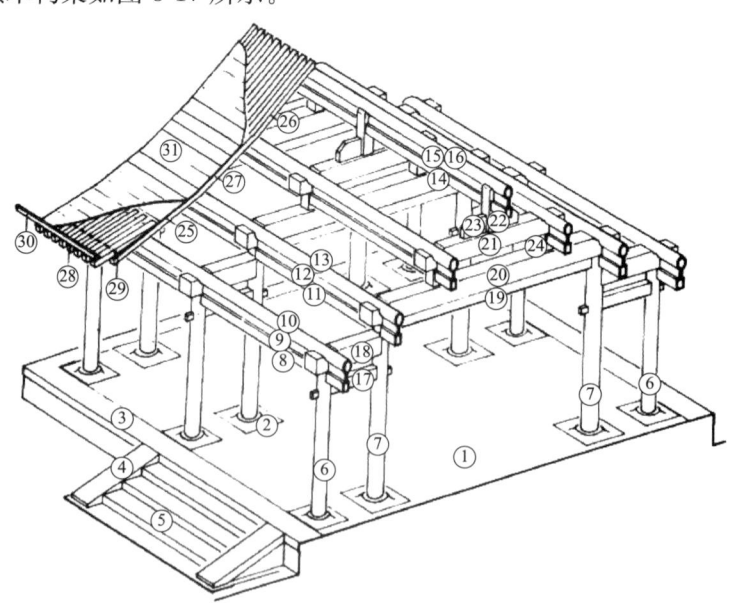

图 3-17 硬山七檩木构架

① 台明；② 柱顶石；③ 阶条石；④ 垂带；⑤ 踏跺；⑥ 檐柱；⑦ 金柱；⑧ 檐枋；⑨ 檐垫板；⑩ 檐檩；⑪ 金枋；⑫ 金垫板；⑬ 金檩；⑭ 脊枋；⑮ 脊垫板；⑯ 脊檩；⑰ 穿插枋；⑱ 抱头梁；⑲ 随梁枋；⑳ 五架梁；㉑ 三架梁；㉒ 脊瓜柱；㉓ 脊角背；㉔ 金瓜柱；㉕ 檐椽；㉖ 脑椽；㉗ 花架椽；㉘ 飞椽；㉙ 小连檐；㉚ 大连檐；㉛ 望板

3.3.2 中国古典园林

1. 古典园林的组成

中国古典园林在世界园林发展史上独树一帜,主要包括北方皇家园林和江南私家园林,虽然它们在造园意境、整体体量、建筑风格等多方面各有不同,但都代表中国山水园林,是全人类宝贵的历史文化遗产。南北中国古典园林在构成方面有几个共同的要素:山、水、石、桥、路、植物、园林建筑等。

园林建筑是古典园林最重要的组成部分,亭台楼阁都是园林中的常见形式。在一组古典园林建筑群中,往往有一个核心建筑。如北海公园的静心斋景区,核心建筑是镜清斋。

2. 水榭

水榭是中国古典园林在水边的观景建筑,通常是指建于水边或水上的亭台,用于供游客休息和观赏临水风景。水榭种类多种多样,各种屋面造型皆可使用。水榭在施工上,重点关注台基在水中的处理,打造一个稳固的临水台基,是建造水榭的基础。北海公园静心斋景区的沁泉廊如图 3-18 所示。

3. 连廊

连廊又称游廊,主要作用是连接古典园林中各建筑。清式连廊多采用四檩木结构,两侧出檐。连廊的两端与房屋的廊子相连通,方便人们在雨天从一个建筑走到另一个建筑。连廊造型多样,随园林的地势变化修建,有的是依山坡度建造的爬山廊,有的是阶梯状的叠落廊,还有的是在廊子一边砌墙形成的院落的围墙。园林中的山石和爬山廊如图 3-19 所示。

图 3-18 沁泉廊

图 3-19 园林中的山石和爬山廊

例题：

1. 小式七檩建筑中把檐柱和金柱拉结在一起的木构件是（　　）。

   A. 檐檩垫枋三件

   B. 金檩垫枋三件

   C. 穿插枋和抱头梁

   D. 檐檩和金檩

   解析： 考查木结构构造。把檐柱和金柱拉结在一起的构件是穿插枋和抱头梁。

   答案： C

2. 以下选项中，哪个不属于古典园林的要素？（　　）

   A. 水

   B. 山

   C. 园林建筑

   D. 车辆

   解析： 考查古典园林的要素。古典园林的要素有山、水、石、桥、路、植物、园林建筑等。

   答案： D

3. 在园林古建筑中，临水的建筑可以称为（　　）。

   A. 水榭

   B. 水廊

   C. 水景

   D. 水厅

   解析： 考查水榭的名称。在各类建筑中，临水的建筑可称为水榭。

   答案： A

4. （　　）清式连廊多采用五檩木结构。

   解析： 考查清式连廊木结构的常用构造。清式连廊多采用四檩木结构。

   答案： 错误

4 古建筑台基

本章内容简介： 本章介绍古建筑台基构造的理论知识，包括地基基础、台基内部构造、台基外部构造、各种台阶等内容。

4.1 地基基础

4.1.1 开挖地基

1. 开槽

古建筑建造的第一步，是在地面向下开挖地基基础。开挖的形式有两种：比较重要的文物建筑使用"满堂红"的大开挖形式，也称为"一块玉儿"；在民居修缮中，大多数使用另外一种"沟槽"的形式，所以古建地基开挖又称作"开槽"。

古建筑开槽的位置，都是柱子和墙体所在的位置。房屋内的其他位置不作开挖。开槽位置示意图如图4-1所示。

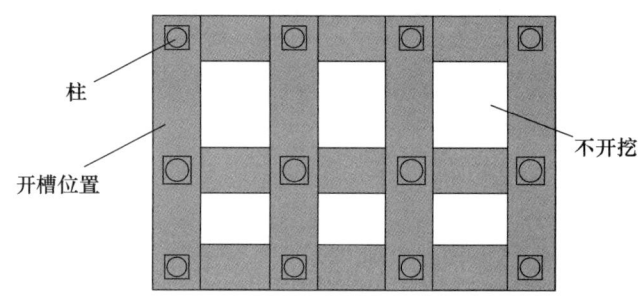

图4-1 开槽位置示意图

2. 压槽

古建筑地基开挖的深度不像现代建筑那么深。小式民居根据建筑体量，开挖几十厘米至一米即可。开槽的宽度要比开槽位置的墙体略宽，宽出的尺寸称为"压槽"，开槽略宽的作用是为施工人员留出操作空间。

在民居修缮中，开槽的位置可能受周边房屋影响，开槽的尺寸往往不足，要根据实际情况确定位置和宽度。

4.1.2 灰土

1. 灰土的名称

在地基开槽之后，在槽底要夯筑灰土。灰土层的作用就是阻隔地下潮气向上蒸腾，从而保护木结构和墙体。灰土层夯筑的土，是白灰和黄土进行和拌而成的。白灰和黄土的比例应为3∶7（体积比），所以有"三七土"之说。在散水、回填土等处，灰土的比例酌情可减少为2∶8或1∶9。

2. 灰土的施工

灰土夯筑在槽底，上方砌筑磉墩。灰土每砸一层，称为"一步"。大式建筑砸2~3步灰土，小式建筑砸1~2步。民居修缮中，灰土层至少砸1步，较重要的、体量较大的建筑砸2步灰土。传统夯筑做法多用人力木夯，现代多用电夯或油夯替代。

3. 灰土的尺寸

灰土层夯筑之前，"三七土"加水和拌，受含水率、黏度、颜色等因素影响，施工时往往以"手攥成团,落地开花"为标准。夯筑之前的灰土虚铺 7 寸,夯实之后每步灰土厚 5 寸。在民居修缮中,夯实的一步灰土不小于 15cm。

夯筑灰土后,在沟槽内定位磉墩的位置。

4.1.3 台基基础

1. 台基的名称

在灰土层之上开始砌筑台基,以地平面为界,台基的地下部分称为"埋深"或"埋头",深字有时也写成"身"。台基在地平面以上的部分,称为"台明",意为台基露明之处。台基两侧称为"台帮"。台基构造如图 4-2 所示。

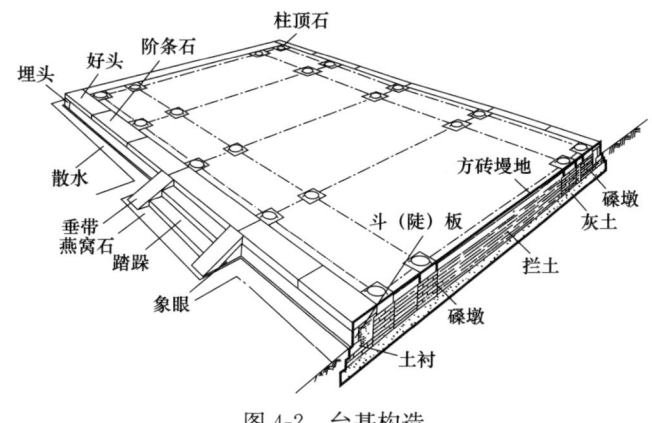

图 4-2 台基构造

2. 台基的标高

台明上皮是这个建筑单体标高±0.000 的位置,大地平面往往是负值。如地平面标高-0.450m,檐柱柱头标高+2.700m,脊檩下皮标高+5.600m 等这些高度,就是从台明上皮计算的。在一个建筑群中,往往以最重要的建筑单体台基上皮作为±0.000 的位置,如四合院的正房台基上皮。

3. 台基的造型

台基的外观造型有两种,即直方型和须弥座型。直方型台基整体是一个扁长的立方体,民居修缮中绝大多数都是直方型台基。须弥座型台基一般使用在重要的宫殿建筑,有的台基还配合石材的望柱和栏板,如图 4-3 所示。

(a) 直方型台基　　　　　　(b) 须弥座型台基

图 4-3 台基的造型

较为特殊的单体,台基的造型也会随着房屋的变化而变化,如圆形亭子的台基,也要做成圆形。房屋呈扇形,台基也做成扇形。

例题：

1. 一般小式建筑采用哪种地基开挖形式？（　　）
   A. 满堂红
   B. 一块玉儿
   C. 沟槽
   D. 压槽
   辨析：考查开槽基本名称。一般小式建筑采用沟槽的地基开挖形式。
   答案：C

2. 古建筑地基开槽的位置是建筑什么构件的位置？（　　）
   A. 翼角
   B. 檩
   C. 地面
   D. 柱和墙
   辨析：考查古建筑地基的开槽位置。古建筑开槽的位置，都是柱子和墙体所在的位置。
   答案：D

3. 古建筑灰土的主要原料是白灰和黄土，其标准比例应为（　　）。
   A. 6∶4
   B. 3∶7
   C. 5∶5
   D. 7∶3
   辨析：考查灰土配比。古建筑灰土称"三七土"，即白灰和土的比例应为3∶7（体积比）。
   答案：B

4. （　　）脊檩下皮标高＋5.600m，其中5.6m是从大地平面算起的。
   辨析：考查标高的起点。标高起点从台明上皮算起。
   答案：错误

4.2 台基内部构造

4.2.1 磉墩与拦土

1. 磉墩与拦土的名称

在灰土上方砌筑用来支撑柱顶石的构件称为"磉墩",磉墩一般使用砖进行砌筑。檐柱下方的磉墩称为檐磉墩,金柱下方的磉墩称为金磉墩。有几根柱子靠得比较近时,柱顶石下方的磉墩砌筑成一个整体,称为磉墩联办。磉墩之间有"拦土",拦土并非用土夯筑,而是使用砖砌筑的,拦土的作用是支撑磉墩,固定磉墩的位置。在地基内部,磉墩上方砌筑柱顶石。磉墩和拦土如图4-4所示。

2. 磉墩的位置与造型

灰土夯筑后,通过放线定位,确定轴线交叉的位置,使用白灰进行标记。这是将来柱顶石和柱子的位置,也是砌筑磉墩的位置。轴线交叉点一般也是沟槽的交叉点,在此砌筑磉墩。

磉墩整体呈立方体的形状,在砌筑磉墩时要注意砖的排列,避免出现上下通缝,增加磉墩的坚固性。从磉墩的整体来看,一部分埋在地下,另一部分虽然在地平面以上,但也砌筑在台基内部,故而砌筑好的台基很难观察到磉墩实物。

4.2.2 柱顶石

1. 柱顶石的名称

柱顶石学名称为"柱础",一般由石材制作而成。柱顶石的下方是磉墩,上方是柱子。柱顶石高出台明的部分称为"鼓镜(径)",最上方的平面为柱顶盘。多数柱顶石的顶盘上方留有海眼,其作用是与上方柱子的柱脚榫相接。

2. 柱顶石的造型

柱顶石下方为方形,埋在台基内部,柱顶石上皮与附近阶条石和地面砖上皮对齐。高于地面的鼓镜随柱子的形状而变化,圆柱鼓镜为圆形,方柱鼓镜为方形。在民居修缮中,房屋体量较小,有时会出现柱顶石和阶条石相撞的情况,此时要保证柱顶石的完整,将阶条石和开槽配合使用。柱顶石的造型如图4-5所示。

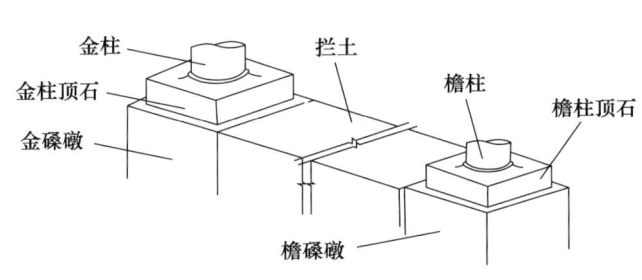

图4-4 磉墩和拦土

图4-5 柱顶石的造型

例题：

1. 磉墩位置一般是房屋什么构件的位置？（   ）
   A. 梁
   B. 枋
   C. 柱
   D. 椽
   辨析：考查磉墩作用。磉墩是用来支撑柱顶石的构件，而柱顶石是支撑柱子的构件。
   答案：C

2. 柱础的材质一般是（   ）。
   A. 木
   B. 砖
   C. 琉璃
   D. 石材
   辨析：考查柱顶石材质。柱顶石一般由石材制作而成。
   答案：D

3. 金柱下方的磉墩，按照传统命名习惯，应被称为（   ）。
   A. 檐磉墩
   B. 金磉墩
   C. 柱磉墩
   D. 墙磉墩
   辨析：考查磉墩名称。金柱下方的磉墩应被称为金磉墩。
   答案：B

4. （   ）柱顶石下方起支撑作用的构件称为磉墩。
   辨析：考查磉墩位置。柱顶石的下方是磉墩，上方是柱子。
   答案：正确

4.3 台基外部构造

4.3.1 埋头石

1. 埋头石的名称

在台基内部砌筑好之后，开始包砌台明。位于台基四角的石料称为埋头石，通常都是用石材制作的。埋头石两侧为台基正面和台帮的陡板，埋头石上方为好头石。埋头石与陡板和阶条石的交接面上应凿做榫或榫窝，便于定位连接。

埋头石一部分埋在地下，一部分露在台明四角。每块埋头石的外角点，确定了台基的整体体量。

2. 埋头石的造型

（1）如意埋头

选用平面呈方形的石材当作埋头石，露在檐面和山面的部分长度相等，此类埋头称为如意埋头，或称为混沌埋头。图 4-6（a）中的埋头石就是如意埋头。

（2）单埋头

如果没有方形的埋头石，只有扁形的埋头石，长身应留在檐面，短身留在山面。短身是长身的 1/3~1/2，称琵琶埋头。只用一块琵琶埋头的也称为单埋头。如图 4-6（a）所示。

（3）厢埋头

在单埋头的基础上，如有合适的石材，补充在山面，使得埋头石在台基正面和侧面宽度相同，整体看似呈正方形，虽然在山面留有拼缝，但整体协调美观，此类埋头称为厢埋头。如图 4-6（b）所示。

(a) 单埋头　　　　　　　　　　(b) 厢埋头

图 4-6　埋头石的造型

（4）角柱石

大型建筑因台基较高，埋头石形态也比较高，这样的埋头石可称为"角柱石"。过高的角柱石也可以用几块石材堆叠而成。

4.3.2 土衬和陡板

1. 土衬和陡板的名称

土衬是围绕台基一圈，支撑陡板的构件。土衬的做法多样，大式建筑多用石材土衬，小式建筑用砖砌筑。在土衬之上，阶条石以下的构件，称为陡板（斗板），陡板形成台基的外观造型。

2. 土衬和陡板的做法

土衬和陡板围绕台基一圈，围出台基的外边界。土衬的造型有的可以在台基外皮下方直接看到，比地平稍高，比台基稍宽。小式建筑有些土衬不露在台明外侧，所以观察不到。有一些宫殿建筑，土衬和散水用石材砌筑，连在一起做成排水沟的样式。

陡板造型多样，有石材、砖砌、卵石、虎皮、贴面等多种做法，通常陡板、散水、台阶象眼的做法要整体考虑，协调美观。

3. 土衬和陡板的位置关系

有的土衬为了便于与陡板相连接，会在土衬上方开槽，槽深1/10本身厚。陡板石的下方也会留出相应的凸起，落入槽内。陡板石的上方如有需要，也可以留榫头，或开榫眼，便于与阶条石相连接。土衬外侧与地面的散水相连。土衬和陡板如图4-7所示。

图4-7 土衬和陡板

4.3.3 阶条石

1. 阶条石的名称

台明上皮围绕台基一圈的石材统称为"阶条石"。

位于明间正中的阶条石称为"坐中落心"，往往是石材中较长且品相较好的一块石材，故又称为"长活"。

在埋头石上方的阶条石称为"好头石"，分列在台基左右两侧，长度相等，对称美观。在好头石和坐中落心之间的阶条石刻称为"落心石"。山面的阶条石称为"两山条石"。

2. 阶条石的位置与造型

阶条石围绕台基一圈，阶条石的上皮高度，即为台明上皮高度。在小式民居山面，山墙会压在两山条石之上，露出较小的金边。

所有阶条石均为扁长的立方体。有一些特殊的好头石，有联办的拐角做法，或斜切的割角做法。

阶条石下方留有榫眼，与下方的好头石和陡板相连接。阶条石与柱顶石相接时，如有磕碰，应保证柱顶石的完整性。

例题：

1. 在民居中如使用单埋头的埋头石，其摆放规矩为（　　）。
   A. 短头留在房屋檐面，长身留在山面
   B. 长身留在房屋檐面，短头留在山面
   C. 呈45°斜角放在台基四角，并将两侧截断与台基拉平
   D. 短身达到长身的1/2以上时，短身可以放在房屋前方
   辨析： 考查单埋头造型。扁形的埋头石，短身是长身的1/3～1/2，长身应留在檐面，短身留在山面。
   选项： B

2. 埋头石上方的石材称为（　　）。
   A. 阶条石
   B. 好头石
   C. 土衬石
   D. 踏跺石
   辨析： 考查好头石构造关系。埋头石上方的石材为好头石，阶条石是范围更广泛的名称。
   选项： B

3. 关于陡板的做法，下列说法错误的是（　　）。
   A. 陡板围绕台基一圈
   B. 陡板立于土衬之上
   C. 陡板有石材、砖砌、卵石、虎皮、贴面等多种做法
   D. 陡板和散水、象眼等处做法单独设计
   辨析： 考查陡板的做法。通常陡板、散水、台阶象眼的做法要整体考虑，协调美观。
   选项： D

4. （　　）在台基山面的阶条石称为"两山条石"。
   辨析： 考查"两山条石"位置。台基山面的阶条石称为"两山条石"。
   答案： 正确

4.4 台　　阶

4.4.1 垂带踏跺

1. 垂带踏跺的名称

垂带踏跺是古建筑最为规范的台阶类型。垂带是两侧倾斜的条石，踏跺指一阶一阶的台阶。垂带和踏跺都由石材制作而成。在较大型的建筑中，垂带和台基的阶条石一圈，有些还设置有栏板、望柱。

垂带踏跺一般放置在明间，两个垂带正对明间两侧的柱子。台基陡板延伸到台阶侧面，到垂带下方形成的三角形区域称为"象眼"。

2. 垂带踏跺的构造

垂带一般使用一整块石材倾斜砌筑，在下方留有燕窝石。燕窝石上刻有凹槽磕绊，垂带滑至此处，固定垂带不再下滑。大式建筑在燕窝石前方还有如意石辅助稳固燕窝石。

各步踏跺等宽等长，夹在两侧垂带中间，各层垂带在拼接过程中，注意上下台阶不留通缝。为保证踏跺条石的完好，台阶可在屋面施工完毕后再行砌筑。垂带踏跺如图 4-8 所示。

图 4-8　垂带踏跺（北京市东城区国子监街民居）

4.4.2 如意踏跺

1. 如意踏跺的名称

使用条石堆叠而成，不设置垂带的台阶形式，称为"如意踏跺"。这种台阶做法较为简单，也最常见。如意踏跺根据需要可以设置在各个开间的居中位置，或开门的中线位置。在小式民居中，通常可以见到一排房屋，每个开间门前都堆有如意踏跺的情况。

2. 如意踏跺的构造

如意踏跺各层条石居中堆叠，较小的石材堆在上方，下层石材要比上层大一圈，位置留出踏步的空间。如果下层台阶由多块石头拼合,注意上下层不留通缝。每层踏跺四角多做成圆角,避免发生磕碰。上层踏跺压住一部分下层踏跺,台阶内部用砖砌或夯土,直到最上一层。最上层条石内侧贴住台基,往往比坐中落心石矮一阶,也有部分如意踏跺最上层条石与台基上皮对齐。如意踏跺如图 4-9 所示。

图 4-9　如意踏跺(北京市东城区国子监街民居)

4.4.3　礓磜台阶

1. 礓磜台阶的名称

古建筑台阶还常见一种倾斜的锯齿形坡道,这种台阶形式称为"礓磜",常见"石姜""磜""磋"等写法。礓磜有用大块石材经过雕刻制作的,也有用砖斜着砌筑的。这种坡道摩擦力大,避免打滑,利于车马、轮椅通行。

2. 礓磜台阶的位置

礓磜台阶一般放置在台基居中位置。体量较大的大门、牌楼月台等处,有些也延伸到整个台基。礓磜台阶两侧有垂带。中间坡道的部分是一层一层的锯齿形状。礓磜台阶的坡度要根据实际现场确定,要看延伸出来的位置是否有足够的空间。礓磜台阶如图 4-10 所示。

图 4-10　礓磜台阶

4.4.4 其他台阶

1. 御路踏跺

在垂带踏跺的基础上，踏跺中间加一路御路石，称为御路踏跺。这种踏跺的等级最高，仅适用于大型的宫殿、寺庙建筑，通常和石材勾栏一起搭配。

2. 云步踏跺

云步踏跺是用未经加工的石料，仿照自然山码成的踏跺。多用于园林建筑，兼具实用性和观赏性。

3. 其他踏跺

在重要宫殿中，前面三个开间都有踏跺，中间为御路踏跺，两侧为垂带踏跺，连在一起设置，称为"连三路踏跺"。三路踏跺连在一起，共用四块垂带石。

若三个踏跺并不相连，而是分开设置，则称中间的踏跺为正面踏跺，两侧的为垂手踏跺。大型文物建筑中间正面设置御路踏跺，两侧垂手设置垂带踏跺，并使用石材望柱、栏板，如图 4-11 所示。

图 4-11 大型文物带垂手的踏跺组合

在一些台基或月台的两侧，也就是建筑物的山面，为了方便人们行走，设置的踏跺称为抄手踏跺。抄手踏跺也有垂带踏跺、如意踏跺、礓磜台阶等形式，如图 4-12 所示。

图 4-12 抄手踏跺（如意踏跺样式）

4. 台阶组合

在以上各类基本台阶形式的基础上，在实践中把几种台阶形式组合使用。某牌楼的月台和台阶，台阶是连三路踏跺，中间采用礓磜台阶，两侧采用垂带踏跺的组合式。如图 4-13 所示。

图 4-13　连三路踏跺（中间礓磜台阶、两侧垂带踏跺组合）

在台阶空间位置较小时，还有把台阶退进台基的做法。某民居大门采用如意踏跺形式，最后一层踏跺进入台基内部，而且中间设立一条礓磜，方便居民推行自行车，如图 4-14 所示。像这样的台阶设计都是在传统官式做法的基础上，为方便居民日常使用进行改造，在民居修缮中可以见到大量类似的实物案例。

图 4-14　台阶退进台基内、组合台阶

例题：

1. 小式建筑中由垂带和踏跺组成的台阶形式是（　　）。
A. 御路踏跺
B. 云步踏跺
C. 垂带踏跺
D. 如意踏跺

辨析： 考查垂带踏跺的基本造型。垂带踏跺由两侧的垂带和中间的踏跺组成。
答案： C

2. 燕窝石的作用是（　　）。
A. 固定垂带
B. 美观
C. 确定位置
D. 延长使用寿命

辨析： 考查燕窝石的作用。燕窝石上刻有凹槽磕绊，固定垂带不再下滑。
答案： A

3. 古建筑中倾斜的锯齿形坡道是什么台阶形式？（　　）
A. 御路踏跺
B. 礓磜踏跺
C. 垂带踏跺
D. 如意踏跺

辨析： 考查礓磜台阶的基本造型。倾斜的锯齿形坡道称为礓磜踏跺。
答案： B

4. （　　）较大的建筑前方分开设置三个踏跺。并不相连，中间的踏跺为正面踏跺，两侧的为抄手踏跺。

辨析： 考查踏跺的名称。三个踏跺两侧是垂手踏跺，抄手踏跺是台基侧面的踏跺。
答案： 错误

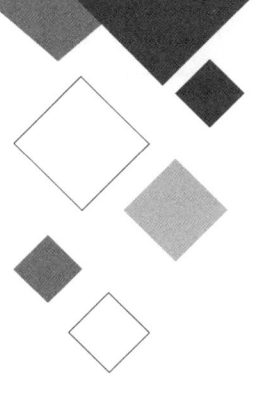

5 古建筑地面

本章内容简介：本章介绍古建筑地面的分类以及基础知识、规矩样式、排砖造型等内容。

5.1 古建筑地面分类

5.1.1 按材质分类

1. 砖材地面

砖材地面是指主要使用砖铺设的地面。材料大多使用方砖、条砖和现代各类地砖。目前小式民居修复中,绝大多数的室内外地面都是使用砖材铺设的地面。砖材地面如图 5-1 所示。

图 5-1　砖材地面

2. 石材地面

石材地面是指主要使用石材铺设的地面。材料包括毛石、块石、条形石、卵石地面等。石材地面形式多种多样,有古建筑甬路中间的"御路石",园林中小径的鹅卵石地面、碎石子路等,卵石也常见于房屋散水。鹅卵石地面如图 5-2 所示。

3. 土地面

除了砖、石地面之外,在传统建筑中还有一类,是使用各种土夯筑的地面。例如,使用焦渣和白灰拌和后夯实的焦渣地面、白灰和黄土夯筑的灰土地面、原生土夯实的土地面、掺入其他材料的三合土地面等。这些由土夯筑的地面在现代建筑中已经很少见了。

图 5-2　鹅卵石地面

5.1.2 按做法分类

1. 细墁地面

细墁地面是古建筑地面中等级较高的做法,外观特点是棱角挺直,表面光洁平整,地面灰缝很细。需要经过砖料砍磨加工、地面抄平、冲趟、样趟、揭趟、浇浆、上缝挂灰、铲齿缝、刹趟、打点、墁水活、灌浆等多步操作。地面经过桐油浸泡后坚固耐用。这种做法多用于文物修缮、大小式建筑室内地面。细墁地面如图 5-3 所示。

2. 糙墁地面

糙墁地面指砖不需要砍磨加工的墁地做法,等级低于细墁地面,外观特点是砖缝较宽。目前民居修缮中，在院落中铺设砖的地面，就属于糙墁地面的一种。糙墁地面如图 5-4 所示。

图 5-3　细墁地面　　　　　图 5-4　糙墁地面（北京市东城区草厂胡同民居）

其他地面做法还有文物修缮中等级最高的金砖地面，砖料最为讲究，操作复杂，一般用于重要宫殿建筑；淌白地面，等级介于细墁和糙墁地面之间。

例题：

1. 古建筑地面使用的砖材一般是(　　)。
   A. 为节省材料使用六角形砖
   B. 大多数使用方砖和条砖
   C. 多数使用碎砖拌灰土夯筑
   D. 砖需要经加工成圆形使用
   辨析：考查砖材地面用砖。材料大多使用方砖、条砖等。
   答案：B

2. 在小式民居修缮中，砖不需要砍磨加工的墁地做法称为(　　)。
   A. 细墁地面
   B. 糙墁地面
   C. 金砖地面
   D. 土墁地面
   辨析：考查糙墁地面的特点。糙墁地面指砖不需要砍磨加工的墁地做法。
   答案：B

3. 在各类古建筑群中卵石地面多用于什么场景？(　　)
   A. 宫殿建筑的甬路
   B. 牌楼月台的散水
   C. 园林景观的小径
   D. 井亭、碑亭的地面
   辨析：考查卵石地面的用途。卵石地面多用于园林，也常见于小式民居房屋的散水。
   答案：C

4. (　　)在古建筑细墁地面操作步骤中，地面抄平做好基层处理的作用是保证地面平整。
   辨析：考查细墁地面各步骤的作用。地面抄平做好基层处理的作用是保证地面平整。
   答案：正确

5.2 古建筑地面做法

5.2.1 室内地面

1. 院落地面位置

在古建筑各位置的地面中,"室内地面"最为重要,主要位置是各房屋的内部。在房屋周边的地面上,一般设有"房屋散水"。在院落里,地面上连接各房屋的称为"甬路",甬路在院落中间汇聚。被甬路分开的部分是"海墁"。院落地面位置如图 5-5 所示。

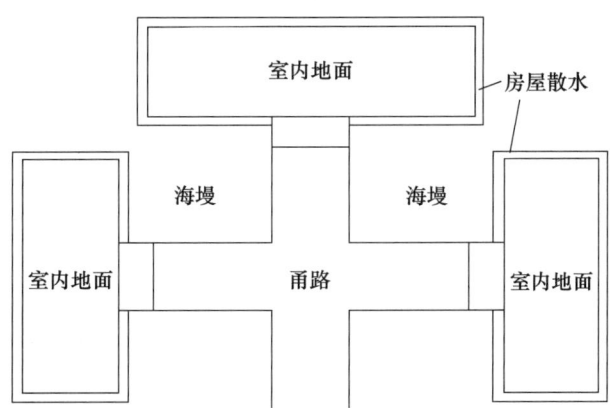

图 5-5　院落地面位置

2. 室内地面名称

在房屋内部的地面是室内地面,在各类地面中是等级最高的,通常应使用细墁地面做法。室内地面多用方砖砌筑,常见尺二方砖,即 400mm×400mm 方砖。有廊的建筑,廊的地面也按照室内地面施工。廊深较宽的廊,地面可设有泛水。

3. 室内地面做法

古建地面室内地面正中应该是一趟砖,而不是砖缝。在室内一进门居中的第一块砖应为整砖,两侧为半块砖。围绕中间一趟砖,两侧对称铺设,将破活赶到房屋两端。地砖的通缝方向应与房屋进深方向一致。室内地面做法如图 5-6 所示。现代民居地面根据业主装修需求,使用现代地砖或地暖设备,进行室内地面的铺墁。

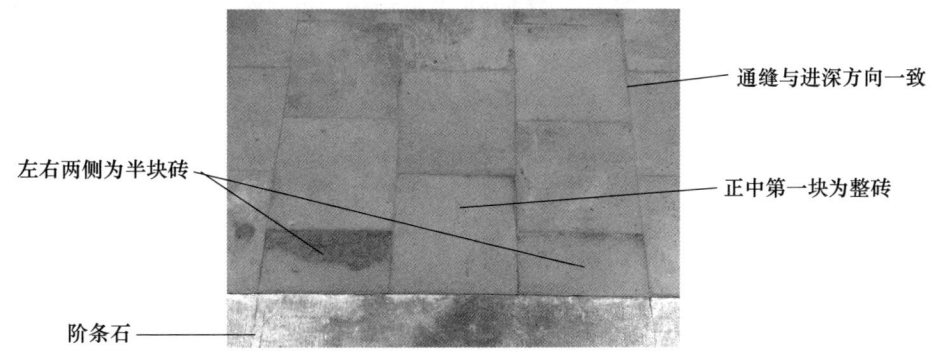

图 5-6　室内地面做法

5.2.2 房屋散水

1. 房屋散水的名称

在房屋台基外侧一圈的是房屋散水,一般由砖砌筑。大式建筑中设有排水槽的石材散水,园林中也有用卵石砌筑的散水。砖散水由散水部分和牙子部分组成。

因硬山建筑前后檐流水,房屋的散水主要设置在房屋的前后檐。也有一些硬山建筑房屋四周都设置散水的情况。

2. 出角和窝角

散水的形状按房屋台基的外轮廓围绕一圈为准。在遇到台阶时,散水会随着台阶的形状向外突出,这部分称为散水的出角。反之,散水向内的拐角称为窝角。在出角和窝角处,由斜向的箭头箭尾分割散水,两侧对称排砖,这部分施工称为攒角。攒角以出角排出好活美观优先。

3. 房屋散水的作用

房屋散水的作用主要是为了接住房檐流下的雨水,使得水快速向外排出,从而保护台基周边不受雨水侵蚀,防止台基台阶沉降。

散水内接台基的土衬,外侧为散水的牙子,牙子与外侧地面相连接。散水本身有泛水坡度。房屋散水如图 5-7 所示。

4. 房屋散水的做法

散水的总宽度由散水和牙子的宽度组成。散水宽度随着房屋体量出檐大小的变化而变化,通

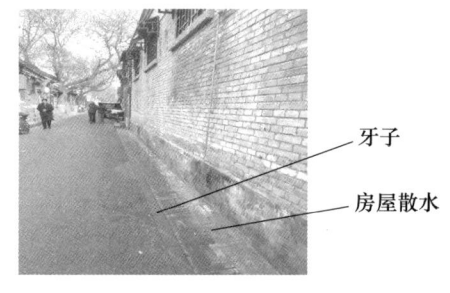

图 5-7 房屋散水(北京市东城区方家胡同民居)

过多种造型变化,达到调整散水宽度的目的,原则是房檐流下的雨水能砸在散水上。牙子是散水砖立着使用,栽于散水外侧。常见的小式民居房屋散水,有兀字面(褥子面)、一顺出、方砖等造型,如图 5-8 所示。

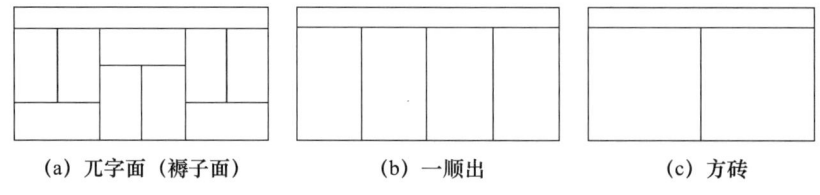

(a) 兀字面(褥子面)　　(b) 一顺出　　(c) 方砖

图 5-8 常见房屋散水排砖造型

5.2.3 甬路

1. 甬路的名称

甬路在院落内,是连接房屋地面上的通路。甬路整体可分为甬路中心、两侧海墁、外侧散水,各部分一般使用石材或砖材的牙子进行分割。甬路根据院落整体空间可简可繁,也有大小式之分。

甬路的牙子是各个部分的分界线,采用石材或砖材栽入地面形成。

甬路中心有用石材铺设的，也有使用方砖铺墁的，一般都与房屋中线居中对齐。大式甬路中间多用御路石。小式甬路中间多用单数趟方砖，如三趟、五趟、七趟砖，通缝发生在甬路延伸的方向。

2. 甬路的海墁和散水

在甬路两侧的地砖，称为甬路的海墁，有坡度的称为甬路的散水，通常甬路的散水安排在甬路最外侧。海墁和散水砖砌筑的通缝，垂直于甬路中心的砖的通缝，也有用斜纹铺墁的。

甬路中心最高，两侧海墁、散水与甬路中间的部分一般由牙子分割，内侧要与牙子找平，外侧比内侧低，形成泛水。甬路散水的作用是将甬路中间的水快速排散到甬路的两侧。

如某院落砖材甬路，甬路中心是五趟砖，两侧是斜纹海墁，再两侧是条砖散水，它们之间都由牙子分割，如图 5-9 所示。

图 5-9　院落甬路

5.2.4　海墁

在院落的地面上，除了甬路和房屋散水的其他位置，称为院落的海墁地面。四合院的海墁位置多用砖铺设，使用方砖或条砖，造型斜墁、十字缝均有。在园林或四合院中，还有一些院落的海墁位置，留出一圈牙子后，中间保留土地，种有各种植物。在民居做法中，有些地面还使用瓦件进行铺墁。

颐和园乐农轩地面，甬路中心为三趟砖，两侧是卵石散水，院落海墁处种有桃花，如图 5-10 所示。

图 5-10　海墁栽种植物

例题：

1. 在房屋台基外侧一圈的是房屋散水，常见的房屋散水不包括(　　)。
A. 卵石散水
B. 石材的排水沟散水
C. 砖砌筑褥子面散水
D. 3∶7 土夯土散水

辨析：考查房屋散水做法。房屋散水一般由砖材、石材等砌筑，一般不用土夯筑。
答案：D

2. 下列关于室内地面砖的通缝，说法正确的是(　　)。
A. 室内地面砖的通缝应沿着房屋的进深方向发展
B. 室内地面砖的通缝应沿着房屋的面阔方向发展
C. 如果房屋开门朝南北向，通缝可发生在东西向
D. 如果房屋开门朝东西向，通缝可发生在南北向

辨析：考查室内地面砖的做法。室内地面砖的通缝方向应与房屋进深方向一致。
答案：A

3. 地面甬路中心和两侧散水使用什么进行分割？(　　)
A. 直接相连不用分割
B. 使用砖最大的一面铺成牙子分割
C. 使用砖材或石材栽入地面形成牙子分割
D. 使用夯土进行分割

辨析：考查牙子的做法和材质。甬路的牙子是各个部分的分界线，采用石材或砖材栽入地面形成。
答案：C

4. (　　) 常见小式民居甬路，如果用砖砌筑，应为双数趟。

辨析：考查民居甬路做法。小式甬路中间多用单数趟方砖，如三趟、五趟、七趟砖。
答案：错误

6 古建筑墙体

本章内容简介： 本章介绍古建筑墙体的基本知识，包括砖的摆砌造型、硬山建筑山墙和其他墙体的知识。

6.1 墙体排砖造型

6.1.1 砖的摆砌形式

1. 砖各面的名称

砖是一个立方体，有六个面。按不同的砌筑方法，有不同的称呼方式。砖砌筑好之后，露在外面的称为"面"，遮在墙体内部的一面称为"肋"，砖最小的面称为"头"，如图 6-1 所示。

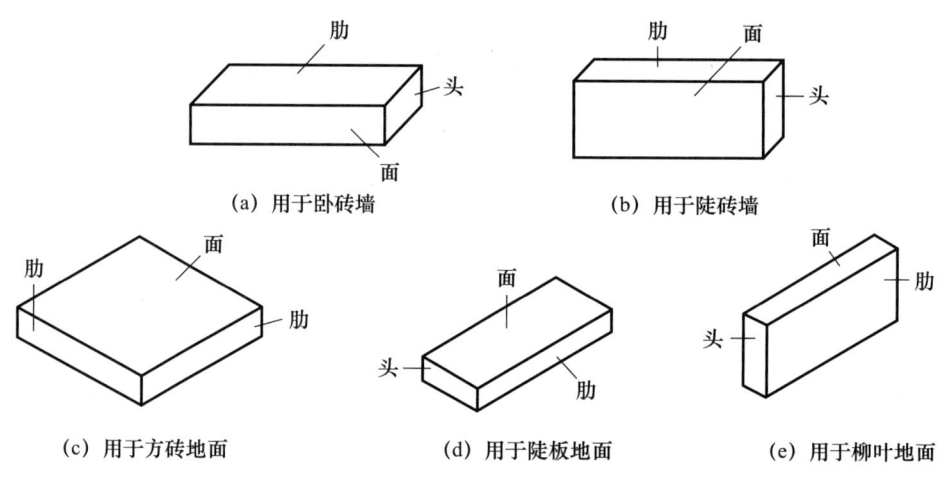

图 6-1 砖各面的名称

一些工匠简化了砖各面的称呼，在砖没有砌筑拿在手里时，将砖最大的一面称为"面"，两侧称为"顺头""长身"，最小的一面称为"丁头""短头"，如图 6-2 所示。

2. 卧砖砌筑

将砖的顺头或丁头朝外砌筑，横向用砖，砖"卧"在墙体上，称为"卧砖"。卧砌砖结构稳固，砌筑难度较低，是最多见的墙体砌筑方法，用于各种墙体。如图 6-3 所示，下碱采用的就是卧砖砌筑。

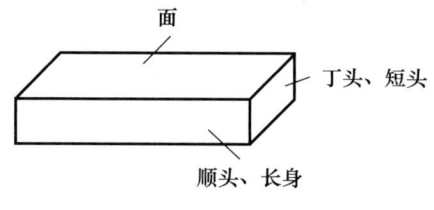

图 6-2 砖各面的简化称呼

3. 甃砖砌筑

将砖的顺头或丁头朝外砌筑，纵向用砖，称为"甃（zhòu）砖"，多用于窗的上下方。如图 6-3 所示，窗台采用的就是甃砖砌筑。

4. 陡砖砌筑

将砖最大的一面露在外面，称为"陡砖"，多用于空心墙体或墙体砖造型装饰。陡砌砖墙节省一部分砖料，砌筑时直立砖体，在砖加工和砌筑时工艺较为复杂。如图 6-4 所示，此面墙体几种摆砌形式都有，但主要采用陡砖和甃砖。

图 6-3　窗台采用甃砖砌筑，下碱采用卧砖砌筑
（北京市张自忠路民居）

图 6-4　陡砖和甃砖组成的墙面造型
（北京市东城区清华街民居）

6.1.2　排砖艺术形式

1. 十字缝

十字缝是每层砖都砌条砖（顺砖）的排砖方式。这种排砖方式是最常见的，且在各地的建筑中使用最为普遍。十字缝指砖体露在外侧的一面都是顺头，上下两层砖错开半块。如图 6-5 所示。因均为顺头放置砖体，为稳固墙体，在内部往往有不露明的、丁头放置的砖，称为"暗丁"，如图 6-6 所示。

图 6-5　十字缝（北京市张自忠路民居）

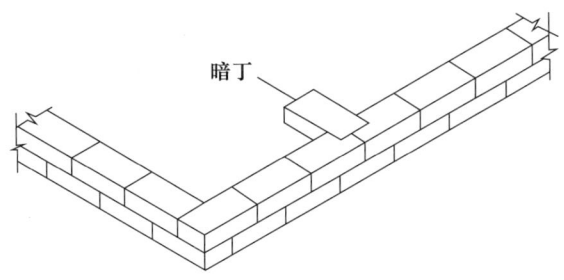

图 6-6　十字缝墙体拉暗丁的做法

2. 落落丁

落落丁指砖体露在外侧的一面都是丁头，上下两层砖错开半块。落落丁能观察到砖的密集度最高。落落丁常作为门楼内的山花、象眼或廊心墙象眼的排砖方法，如图 6-7 所示。

图 6-7　廊心墙象眼处的落落丁造型镂画

3. 满丁满条

满丁满条是一层使用顺头砌筑，上一层或下一层使用丁头砌筑的形式。用满丁满条方式砌筑的墙体稳固，且砌筑难度不高，因此是民居中较为常见的砌筑方法。满丁满条的砌筑方法也有一些变化，如七层顺头一层丁头、五层顺头一层丁头的砌筑等。满丁满条的砌筑如图 6-8 所示。

图 6-8　满丁满条（北京市东城区东四五条民居）

4. 一顺一丁

一顺一丁指一层砖一个顺头一个丁头顺序放置。一顺一丁是民居中比较常见的排砖形式，这种砌法有利于墙体内部拉结，墙体更加稳固，如图 6-9 所示。

图 6-9　一顺一丁（北京市东城区东四二条民居）

5. 三顺一丁

三顺一丁指一层砖三个顺头一个丁头顺序放置。三顺一丁等级较高，在排砖时需要注意本层砖的排列和上下层砖的关系。这种形式的墙体拉结性较好，墙面效果也比较完整，因此三顺一丁墙体较为规矩，在官式建筑中使用比较多，如图6-10所示。

图6-10 三顺一丁（北京市东城区东四头条民居）

在官式民居硬山山墙砌筑时，选用一顺一丁和三顺一丁的墙体，丁头应在墙体中线居中，称为"座山丁"，砖墙砌筑时要以居中的丁头起手。无论哪种排砖形式，在墙的转角处要注意砖转到侧面的造型，必要时将砖截去一段使用。

例题：

1. 在墙体砌筑时，每层砖都是砖的顺头露在外面，这样的造型称为(　　)。
   A. 一顺一丁
   B. 一顺一顺
   C. 十字缝
   D. 一字缝
   辨析：考查砖体码砌形式。砖的顺头露在外面的码砌方式为十字缝。
   答案：C

2. 在砌筑砖时，将砖的顺头朝外砌筑，横向用砖，称为(　　)。
   A. 卧砖
   B. 陡砖
   C. 甃砖
   D. 立砖
   辨析：考查砖的砌筑名称。横向用砖砌筑为卧砖。
   答案：A

3. 民居修缮中常见的满丁满条的砌筑特点是(　　)。
   A. 每层砖都是一块顺头一块丁头放置
   B. 一层砖全用顺头，一层全用丁头，交替进行
   C. 每块丁头砖两侧必须是顺头砖
   D. 墙体中线从上到下都是丁头砖
   辨析：考查修缮砌筑的工程方法。满丁满条的砌筑特点是一层砖全用顺头，一层全用丁头，交替进行。
   答案：B

4. (　　)落落丁指砖体露在外侧的一面都是丁头，上下两层砖错开一块。
   辨析：考查砖的砌筑名称。落落丁指砖体露在外侧的一面都是丁头，上下两层砖错开半块。
   答案：错误

6.2 山　　墙

6.2.1 硬山房屋各部分墙体

1. 房屋墙体的名称

在小式五檩硬山民居各部分墙体中，房屋两侧山面的墙体称为"山墙"；在窗台之下的称为"槛墙"；沿房屋檐面砌筑，从台基向上砌筑到屋檐的墙体，在房屋后面的称为"后檐墙"，有些房屋在前面也有檐墙，称为"前檐墙"。房屋各部分墙体的名称如图 6-11 所示。

硬山山墙转向前方称为"墀头"。房屋如有廊，山墙继续转向房屋内侧，在柱子的后面是廊心墙。

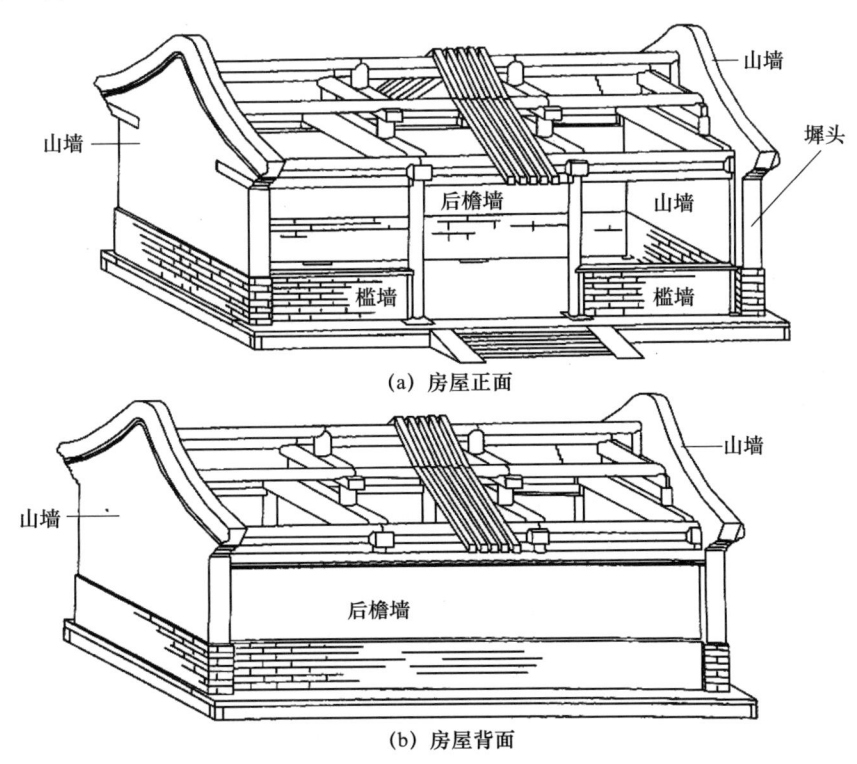

图 6-11　房屋各部分墙体的名称

2. 山墙各部分的名称

传统民居多是小式硬山建筑，山墙由下碱、上身、山尖三部分组成，山尖上方有砖砌筑的博缝。下碱和上身的分界是花碱，上身和山尖中间有墙体的出檐部分。山尖和博缝之间是两层拔檐。博缝之上是铃铛排山和垂脊，简化做法是不使用铃铛排山而使用披水砖。山墙各部分的名称如图 6-12 所示。

图 6-12 山墙各部分的名称（北京市东城区东四头条民居）

6.2.2 下碱

1. 下碱的名称

在各类墙体的最下方是"下碱"，或称为"裙肩"。下碱多用砖进行砌筑，在大式建筑中常见的有石活，更高级的做法有琉璃下碱。因为下碱是整个墙体的基础，所以多用较好的砖和最高级的砌筑方法，保证下碱和山墙整体稳固。

2. 下碱的位置

小式山墙下碱砌筑在台基之上，前后两个角檐柱之间。墙体外侧台基阶条石的留边称为"金边"。下碱的宽度决定山墙的厚度，柱子中线到墙体外皮的距离称为墙体的"外包金"，反之到里皮的距离称为"里包金"，所以山墙整体厚度为外包金加里包金。墙体下碱平面如图 6-13 所示。

3. 下碱的造型

下碱的造型多见单数层砖砌筑，一般不超过 13 层。有时会留有半层砖的情况，多为先砌筑墙体后墁地遮盖住了半层砖。下碱墙体多留有透风，透风外皮与墙外皮砌平，内部与柱子之间不砌严，以保持空气流通，透风下方留有 1 至 2 层砖。如图 6-14 所示，下碱使用 9 层砖砌筑，透风下留有 1 层砖。

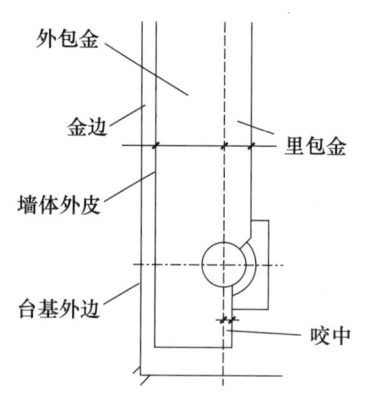

图 6-13 墙体下碱平面

图 6-14 下碱和透风
（北京市西城区后公用胡同民居）

6.2.3 上身

1. 墙体上身的中心

墙体下碱和上身的分界线是"花碱"。墙体上身要比下碱退进一部分,称为退花碱。墙体上身分为两部分:中心和两端。

墙体上身的中心位置称为"墙心",有整砖砌筑、整体抹灰、池子、开窗等多种形式。墙心砖套围成方形,向内凹进的部分是池子,池子内用砖砌筑的称为硬心池子,更常见的是池子内抹白灰的做法,称为软心池子。池子四角如果是直角的称为方池子;四角为海棠花状,称为海棠池子。

2. 墙体上身的两端

墙体上身的两端较为规矩的做法是五出五进,是指在山墙两端砌筑出五层砖伸出、五层砖退进的造型。五出五进按墙面整体尺寸有多种做法,墙面整体越大,五出五进的宽度越大。有"一个、个半""个半、俩""俩半、俩"等做法,其中"一个、个半"指五出和五进砖长身的个数。

比五出五进简单的是没有进出造型,称为"撞头"。

墙体上身的中心和两端有多种搭配形式:全部都用整砖砌筑的山墙,是山墙墙面组合等级最高的,如图 6-12 所示;民居中常见的五出五进搭配墙心抹灰,如图 6-15 所示;五出五进搭配墙心池子;撞头搭配抹灰;等等。

图 6-15 五出五进搭配墙心抹灰(北京市史家胡同民居)

3. 山墙内侧

山墙内侧山柱与金柱之间的墙面叫作"囚门子"。囚门子的做法可以和普通山墙里皮做法相同。此处和廊心墙一致,也有落膛、池子、砖雕等多种做法。如图 6-16 所示。

图 6-16 山墙内侧抹灰做法

6.2.4 山尖

1. 山尖的名称

山墙上身以上,三角形的部位称为山尖,全部由砖砌筑的为"过河山尖"。过河山尖的缝子形式应与上身和下碱保持一致。山尖部分也有抹灰的。山尖与上身之间的分割应从挑檐以上或荷叶墩开始。

2. 挑檐山坠

山墙中间是墙体上身,上面是山尖,两者的分界线是墙体的出檐部分,称为挑檐。房屋出檐部分有卧砖砌筑的挑檐、陡砖和砖套组成的挑檐、石挑檐等多种做法。

为了防止木架糟朽,在山尖正中设置一块大的透风砖,称为山坠。

3. 山尖拔檐

山尖呈三角形,所以在砌墙时每一层两端都应比下面的一层退进若干。退山尖的角度应与屋面坡度相符,并应留够拔檐砖和博缝砖所占的位置。山尖之上是两层拔檐,两层拔檐拐到墙体正面就是两层盘头,拔檐之上砌筑博缝。如图 6-17 所示。

图 6-17　墙体山尖部分

6.2.5 博缝

1. 博缝的名称

硬山山墙的最上方多用砖砌筑博缝。垂花门等悬山建筑多用木制博缝。在山墙挑檐上方第一块博缝砖,称为"博缝头",使用三匀五洒的造型,也有用砖雕,如图 6-17 所示。博缝有常见的方砖博缝、高度较低的三才博缝、使用卧砖砌筑的散装博缝等多种做法。

2. 博缝的位置

博缝砖与两层拔檐共向外挑出三层,每层大概挑出 1/3 砖厚。博缝砖选用 2 倍檩径左右的砖,博缝随屋面曲线向上攀爬,覆盖的位置为木构架檩的位置。檩大概在博缝砖的中间位置。在悬山建筑使用的木质博缝上,多见梅花钉钉在博缝板的中间位置,梅花钉所在的就是檩的位置。

3. 铃铛排山

博缝上方较为正规的做法是铃铛排山,是指排在山面垂脊下方的勾头瓦和滴水瓦,故称为"排山勾滴"或铃铛排山,这种做法多见于筒瓦屋面,如图 6-17 所示。在小式民居中,更为简单的是在博缝之上砌一层披水砖,如图 6-18 所示,详见第 7 章的"披水梢垄"内容。

图 6-18 博缝上用披水砖（北京市东城区东四头条民居）

6.2.6 墀头

1. 墀头的名称

山墙两端转到房屋正面称为"墀头"，俗称腿子。墀头分为下碱、上身、盘头三部分。墀头墙体下碱在台基正前方留出的空间是"小台阶"，简称小台。墀头上身需要退出花碱。墀头墙体如图 6-19 所示。

2. 墀头盘头

墀头上身以上称为"盘头"部分，盘头就是山墙出檐的部分，又称天井。盘头部分逐层砖向外挑出，达到支撑挑出屋面的目的。常见盘头为六层盘头，自下而上为荷叶墩、混、炉口、枭、头层盘头、二层盘头。盘头部分通常从荷叶礅一层算起，民居中较小的出檐常用五层盘头，中间省去炉口一层。两种常见墀头盘头部分对比如图 6-20 所示。

图 6-19 墀头墙体
（北京市东城区东四头条民居）

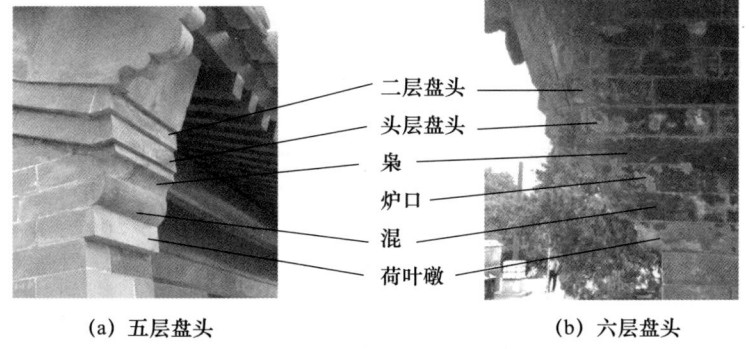

(a) 五层盘头　　　　(b) 六层盘头

图 6-20 两种常见墀头盘头部分对比

3. 墀头咬中

墀头下碱在正面砌筑到柱中线后，要超过中线一段距离，称为"咬中"。小式建筑咬中取 1 寸左右。墙体咬中的原因是檐柱向内侧掰升，如果墙体只砌筑到中线，在墙体上方柱子就会露出更多。为了美观协调，咬中后墙体上方对齐柱中，所以柱子下方就会超过中线。咬中尺寸关系如图 6-13 所示。

6.2.7 廊心墙

1. 廊心墙的名称

山墙从墀头转向房屋内侧，在檐柱和金柱之间的墙体称为"廊心墙"。廊心墙由下到上为下碱、上身、穿插当、象眼。在小式建筑中，七檩前后廊、六檩前有廊后无廊、金柱大门等样式的建筑中多见廊心墙，如图 6-21 所示。

图 6-21　廊心墙（北京市东城区礼士胡同民居）

2. 廊心墙的上身

廊心墙的上身是廊心墙最主要的部分，最规矩的做法是落膛做法。落膛的造型是使用外宽内窄两层砖砌筑方边，逐层向内凹，墙心使用方砖菱形放置。除了落膛做法外，廊心墙还有抹灰、砖雕、彩画、琉璃及廊心墙开门等多种做法。

3. 廊心墙的其他位置

廊心墙的下碱应与山墙外立面的下碱的用砖和砌筑手法一致，高度也尽量相近。但为了保证上身落膛能够排出好活，廊心墙下碱的高度可以进行调整。在檐柱和金柱相接的位置，抹有八字（斜角）与柱子相接。

廊心墙的穿插当是廊步架穿插枋和抱头梁中间的位置，廊心墙的象眼是抱头梁上方和椽子围成的三角形区域。这两个地方的内部也是山墙的一部分，要用砖砌严实，表层有抹灰、砖砌、绘画、镂画等做法。

例题：

1. 墀头上方盘头部分，常见五层盘头比六层盘头少哪部分？（　　）
A. 荷叶礅
B. 枭
C. 炉口
D. 混

辨析：考查盘头造型。常见五层盘头比六层盘头少炉口一层。
答案：C

2. 墙心使用池子的造型，池子指墙体上的什么造型？（　　）
A. 阶梯状砌砖
B. 向内凹进的矩形造型
C. 墙体使用砖砌就是池子
D. 墙体使用抹灰就是池子

辨析：考查池子造型。墙心砖套围成方形，向内凹进的部分是池子。
答案：B

3. 古建筑墙体通常上下分为几段，其中"下碱"又称为（　　）。
A. 金边
B. 墙心
C. 裙肩
D. 花碱

辨析：考查古建筑墙体名称。"下碱"又称"裙肩"。
答案：C

4. （　　）廊心墙只是山墙在房屋内侧这一面，檐柱与金柱之间的墙体，另一面是山墙外侧。

辨析：考查廊心墙的构造。
答案：正确

6.3 其他墙体和砌筑工艺

6.3.1 槛墙

1. 槛墙的名称与位置

房屋窗户下面的墙称为"槛墙",槛墙通常用砖砌筑。

槛墙一般开设在房屋的面宽方向,次间或梢间位置,明间一般开门,很少砌筑槛墙。根据开门的位置,槛墙可以砌筑在两根金柱之间,或两根檐柱之间。

槛墙上使用木制窗台的称为榻板,或用砖砌筑窗台。图 6-3 的槛墙,就是砖砌筑加砖窗台的做法。

2. 槛墙的做法

在槛墙正面,也就是屋子外侧,比较讲究的做法是落膛或用砖雕,等级更高的宫殿建筑有琉璃龟背的做法。如图 6-22 所示的槛墙,就是带砖雕落膛加榻板窗台的做法。

槛墙内侧,也就是屋内,其做法一般与外部保持一致。但多数民居中,屋内做法要低于外部,较为常见的是抹灰做法,如图 6-23 所示。

图 6-22 带砖雕和木质榻板的槛墙(北京市东城区东四头条民居)

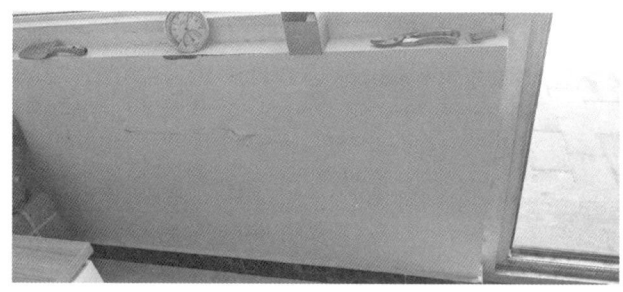

图 6-23 槛墙屋内抹灰

6.3.2 檐墙

1. 檐墙的名称与做法

沿房屋檐面砌筑的墙体称为檐墙。多见房屋后面的后檐墙,在小式民居中有些房屋也有前檐墙。檐墙有露出椽子的"老檐出"和不露出椽子的"封护檐"两种做法。

山墙在建筑物的四角，尤其是后檐拐向檐墙的部分，有留墀头和不留墀头直接转角两种做法。一般情况下，老檐出搭配留墀头，封护檐搭配直接转角。

2. 老檐出

老檐出又称露檐出，指椽子挑出屋面，墙体砌筑到枋子，在墙体上方露出椽子的做法，出檐部分外观与前檐相似。老檐出的檐墙分为下碱、上身、签尖三个部分。下碱和上身与其他墙体做法基本相同。签尖部分有的出一层砖拔檐，墙顶部有圆形的馒头顶、抹成斜面的宝盒顶、上方突出的道僧帽等做法。在大式建筑中墙体上身抹灰，到签尖部分不留砖檐，直接斜抹八字至枋子下皮。各种常见签尖做法，如图 6-24 所示。

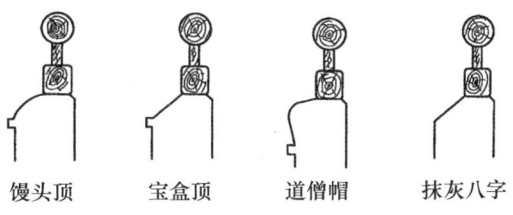

图 6-24　常见签尖做法

如图 6-25 所示的民居后檐墙案例，就是老檐出做法，并留有墀头，签尖部分是馒头顶做法。

图 6-25　老檐出式后檐墙

3. 封护檐

封护檐又称封后檐，指将椽子包裹在墙体内侧的做法。封护檐墙分为下碱、上身、出檐三个部分。封护檐出檐以"冰盘檐"做法最为规矩，根据出檐大小，冰盘檐各层有多种造型组合。小式民居中常见，砖摆砌的其他出檐造型，如鸡嗉檐、菱角檐、抽屉檐等，如图 6-26 所示。

如图 6-18 所示，是山墙直接拐到后檐墙的封护檐墙做法。

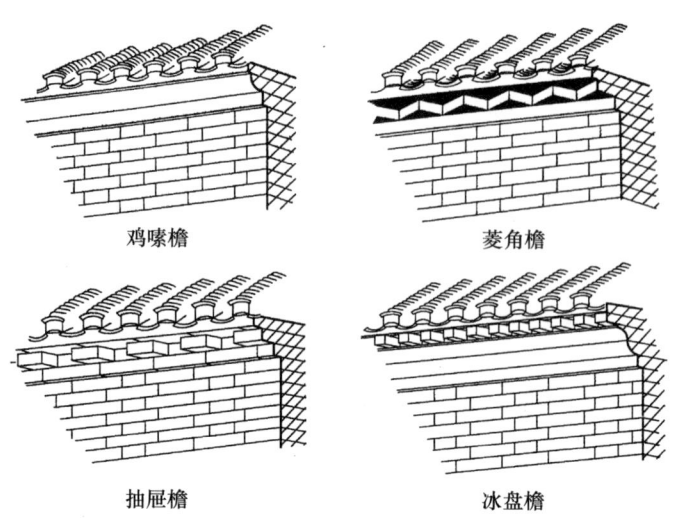

图 6-26　常见封护檐砖檐做法

6.3.3　墙体砌筑工艺

墙体砌筑等级从高到低有以下几种：

1. 干摆墙

砌筑等级最高的为干摆墙，也就是"磨砖对缝"的砌筑方法。使用经过砍磨加工的"五扒皮"砖，顾名思义砖的六面有五面需要加工。干摆墙砌筑时每层都要进行打磨，虽然能看到砖与砖之间的分界线，但是测量不出缝隙的宽度。

2. 丝缝墙

丝缝墙体的砖缝可以测量出，为 1～2mm。丝缝墙的砖也需要进行砍磨加工，这种砖称为"膀子面"，加工方法略低于五扒皮。丝缝墙的砖缝之间要做出各种缝隙的造型，这个步骤称为"耕缝"。墙体耕缝后，边界分明，整体非常美观。

3. 淌白墙

淌白墙体的砖缝更宽，往往能达到 3～4mm，淌白砖的加工也更为简单。淌白既是砖的加工方法，也指墙体的砌筑方法。现在古建筑施工中误认为淌白墙就是白色缝隙的墙，其实这种说法并不准确。

4. 糙砌砖墙

砖不需要砍磨加工，直接砌筑。砖缝往往更宽，能达到 5～6mm。在小式民居修缮的墙体砌筑中，很多墙体都属于糙砌砖墙。

5. 碎砖抹灰

在民间建筑中，居民往往没有更多的钱盖房，使用旧砖瓦砌墙是很常见的现象。大块的旧砖砌在下面，小的碎砖砌在上面，最后外面用灰抹平。

6. 仿古贴面

多用于现代仿古建筑，墙体用水泥砌筑，或在原墙体外侧直接贴上仿古贴面砖。文物建筑维修时不应使用这种方法。

除此之外，还有土坯砖墙、虎皮石墙、篱笆泥墙等做法。

例题：

1. 丝缝墙的砖缝之间要做出各种缝隙的造型，这个步骤称为（　　）。
A. 溜缝
B. 耕缝
C. 填缝
D. 美缝

辨析：考查墙体砌筑工艺。丝缝墙体砌筑后，要进行耕缝工艺。
答案：B

2. 下列哪种墙体的砌筑方法等级最高？（　　）
A. 干摆墙
B. 丝缝墙
C. 淌白墙
D. 糙砌砖墙

辨析：考查墙体砌筑工艺等级。根据砖缝宽度，墙体砌筑等级从高到低为干摆墙、丝缝墙、淌白墙、糙砌砖墙。
答案：A

3. 槛墙一般砌筑在什么位置？（　　）。
A. 在梢间的两根金柱之间
B. 在明间的两根檐柱之间
C. 在山面的檐柱和金柱之间
D. 在明间的檐柱和金柱之间

辨析：考查槛墙的砌筑位置。槛墙一般开设在房屋的面宽方向，次间或梢间位置，可以砌筑在两根金柱之间，或两根檐柱之间，窗下的位置。
答案：A

4. （　　）现在古建筑施工中认为淌白墙就是白色缝隙的墙。

辨析：考查淌白墙外观特征。淌白墙是一类砌筑做法，并不是白色缝隙的墙就是淌白墙。
答案：错误

7 古建筑屋面

本章内容简介： 本章介绍古建筑屋面的基本知识，包括苫背的各种灰泥层、瓦面的常见种类及铺设做法、小式黑活脊的各种脊的种类以及调脊的做法。

7.1 苫 背

屋面的主要作用就是排水防雨、保暖及美化建筑。一个完整的屋面是由"背""瓦""脊"三部分组成的。在望板之上,使用层层灰泥和传统材料组成一个坚固的硬壳,称为"苫(shàn)背"。古建筑瓦面施工称为"瓦(wà)瓦",脊的施工称为"调(tiáo)脊"。

7.1.1 苫背层

1. 苫背层的名称

在望板之上、瓦面之下是灰泥结合的苫背层。北方古建筑的屋面,除了防雨之外还要有保温的功能,所以苫背层比南方要厚。苫背层的木基层是望板,望板铺设在椽子之上,为整个屋面提供了支撑。在小式民居修缮中,有的房屋不是用木制望板,而是使用席箔或苇箔替代。

2. 苫背层的组成

一般小式民居,在望板之上要刷护板灰,护板灰之上要铺设掺有麻刀或滑秸的泥背层,泥背层之上是灰背层。灰背层是一层结实的硬壳,使屋面具备了初步的保温防雨功能。在灰背层之上铺设瓦瓦泥,然后铺设瓦面。琉璃瓦屋面苫背样例如图7-1所示。

图7-1 琉璃瓦屋面苫背样例(实物高约400mm)

随着建筑等级提升,建筑体量增大,苫背层更厚,层数做法也越多越复杂。在大式建筑中往往还有铺设白灰背、月白灰背、青灰背等多种苫背层。一些重要的文物建筑中,也有锡背、铅背等金属苫背层,各种灰背层组合使用,层数更多。各类建筑苫背层的做法如图7-2所示。

瓦面
瓦瓦泥
滑秸泥背1～2层
木椽,上铺席箔、苇箔、荆芭(荆条编片)、瓦芭(板瓦)、望砖(薄砖)或薄石板

(a) 见于民间做法

瓦面
瓦瓦泥
灰背1层
滑秸泥背1～2层
木椽,上铺席箔或苇箔

(b) 见于民宅

瓦面
瓦瓦泥
青灰背
滑秸泥背1~2层
护板灰
木椽，上铺木望板

(c) 见于小式建筑

瓦面
瓦瓦泥
青灰背
月白灰背
滑秸泥背2~3层
护板灰
木椽，上铺木望板

(d) 见于大式或小式建筑

瓦面
瓦瓦泥（或灰）
青灰背
月白灰背或纯白灰背3层以上
麻刀泥背3层以上
护板灰
木椽，上铺木望板

(e) 见于宫殿建筑

图 7-2 各类建筑苫背层的做法

7.1.2　护板灰

在木望板上抹一层较稀的月白麻刀灰，厚度一般为1~2厘米，这层灰叫护板灰，其作用在于保护木质的望板。另外，护板灰将望板之间的缝隙填满，是防止屋面漏雨的第一步操作；再者就是作为苫背层的第一层基础，与望板牢固结合，防止苫背层整体滑坡。

7.1.3　泥背

1. 泥背的名称

在护板灰上铺设2~3层泥背。宫殿建筑多用麻刀泥，小式建筑多用滑秸泥。使用麻刀或滑秸的作用是增大泥的拉结力，防止泥背下滑开裂。泥背的厚度控制整体屋面的囊线（屋面曲线），在脊部较厚，檐部较薄。如果在民居修缮中简化了灰背层，那么泥背的厚度就要做足。

2. 泥背的作用

泥背的作用是增厚苫背层，达到保温效果，但泥背层本身并不防雨。复杂一些的屋面，苫背层数较多，泥背铺设之后，要经过使麻浇浆，即使用麻刀铺设在泥背上，在浇过浆之后，用抹子将泥背抹平。

7.1.4　灰背

1. 灰背的名称

在泥背之上的是灰背层，灰背层多用青灰轧制而成，所以又称为青灰背。小式建筑民居设置1~2层灰背，每层灰背做好之后，也需要经过泼浆和轧制，文物建筑讲究三浆三轧。在民居修缮中，有简化不设灰背层的做法。

2. 晾晒灰背

灰背完成后要经过较长时间的晾晒，让整个苫背层的水分蒸发干净。但灰背干得过快，会导致开裂，所以掌握灰背晾晒的火候非常重要。灰背层晾干之后，就具备了初步防雨的性能。有些小式建筑或前后两棚屋面的天沟处，直接使用灰背顶，不做瓦面。

7.1.5 瓦瓦泥

1. 瓦瓦泥的名称

在灰背之上铺设瓦面，瓦瓦时所用的灰、泥称为瓦瓦泥。根据建筑的等级，瓦瓦泥可在月白灰、麻刀灰、素灰等多种灰泥中进行选择。从望板之上的护板灰到瓦瓦泥是整个苫背层。在瓦瓦泥之上铺设底瓦，底瓦两侧要用灰抹严实，这一步称为"背瓦翅"。

2. 瓦瓦泥的作用

瓦瓦泥的主要作用是固定瓦件脊件，另外就是通过灰泥的厚度，调整屋面整体囊线。无论琉璃瓦、黑活筒瓦还是合瓦屋面，在灰背之上的瓦瓦泥首先承托的是板瓦（底瓦）。底瓦的稳固影响整个屋面的稳固，所以瓦瓦泥要稀稠均衡适度。

例题：

1. 苫背层做到哪一层就已经具备了初步的保温防雨功能？（　　）
A. 护板灰
B. 泥背
C. 青灰背
D. 瓦面

辨析：考查青灰背的作用。青灰背轧好之后，就具备了初步的保温防雨功能。

答案：C

2. 小式建筑泥背层中滑秸的作用是（　　）。
A. 增加拉结力，防止泥背开裂
B. 减少泥的用量，节约资源
C. 增加压力，提高泥背重量
D. 增加硬度，使得屋面具备防雨功能

辨析：考查泥背掺入麻刀或滑秸的作用。使用麻刀或滑秸的作用是增大泥的拉结力，防止泥背下滑开裂。

答案：A

3. 护板灰最主要的作用是（　　）。
A. 提供防水功能
B. 黏结瓦片
C. 保护望板
D. 保护陡板

辨析：考查古建筑灰浆的使用。护板灰最主要的作用是保护望板。

答案：C

4. （　　）在铺设好的望板之上，刷一层护板灰，其材质常用白灰。

辨析：考查护板灰的材质。护板灰一般是一层较稀的月白麻刀灰。

答案：错误

7.2 瓦 面

7.2.1 瓦口木

1. 分中号垄

分中号垄是铺设瓦面的第一步，是指瓦瓦之前把屋面做整体考虑，分好中线，确定好瓦垄的数量和位置。通常情况下，各类屋面明间中线是瓦头滴水的位置，所以确定好中线后，底瓦铺设在中线之上，两侧瓦垄对称展开。

硬山屋面以两山垂脊的整体距离确定瓦垄数量，两底瓦之间自然留出空当，中线两侧瓦垄数量一致。悬山屋面比硬山屋面多挑出四椽四当，以挑出后两垂脊之间的距离确定瓦垄数量，方法与硬山一致。

2. 瓦口木的名称

整个屋面分中号垄之后，通过钉瓦口木来确定瓦垄数和位置。筒瓦屋面和合瓦屋面都需要装瓦口木。瓦口木垂直钉在大连檐之上，在底瓦处较低，在筒瓦处较高，整体呈波浪形。瓦口木凹下的地方，铺设底瓦，突出的地方铺设盖瓦。瓦口木如图 7-3 所示。

图 7-3 瓦口木

3. 瓦口木的作用

瓦口木的作用就是确定瓦垄位置，与大连檐一起固定檐头瓦件，防止瓦面下滑。通常情况下小式建筑的瓦面使用滴子瓦座中，所以在钉瓦口时，瓦口木凹点中线要对齐屋面中线。

7.2.2 合瓦屋面

1. 合瓦屋面的名称

合瓦屋面属于布瓦屋面中等级较低的屋面，小式民居合瓦多使用 2 号或 3 号板瓦。合瓦屋面的底瓦和盖瓦都使用板瓦，正反面使用，所以有阴阳瓦之称。在民居中合瓦屋面是最常见的屋面瓦件类型，如图 7-4 所示。

2. 合瓦屋面的底瓦

合瓦屋面的板瓦当作底瓦时凹面朝上、窄头朝下。

合瓦屋面底瓦的铺设密度要求能做到"三搭头"，即从截面上看同时有三块瓦堆叠放置，这样做的目的是防止雨水回流，造成屋面漏雨。在施工中上一层瓦面要覆盖下一层瓦面超过一半，才能达到这种效果。小式屋面要保证60%的瓦面被压住，称为"压六露四"，在一些重要的建筑中要做到"压七露三"。底瓦"三搭头"如图7-5所示。

图7-4 合瓦屋面

图7-5 底瓦"三搭头"

3. 合瓦屋面的盖瓦

合瓦屋面的板瓦当作盖瓦时凸面朝上、大头朝下，铺设密度与底瓦要求相同。一块盖瓦覆盖住两块底瓦之间的空当。盖瓦比底瓦高出的部分叫作"睁眼"高度，小式民居修缮中，一般不超过6cm，如图7-5所示。

4. 合瓦灰缝的处理

在两块底瓦之间的空当称为"蚰蜒当"，要用瓦刀将大麻刀灰向下反复扎杵填满，这个步骤称为"扎缝"，如图7-6所示。

图7-6 合瓦灰缝

上下两层瓦之间，瓦头的前方形成的缝隙称为"瓦脸"，要用灰把缝隙填满，称为"勾瓦脸"。

盖瓦睁眼两侧，要用灰堵严实，使用瓦刀拍实，抹平整顺直，这个步骤称为"夹腮"，如图7-5所示。

蚰蜒当扎缝、勾瓦脸、夹腮，都是合瓦屋面抹灰填缝的处理，目的是固定瓦件，防止漏雨。

5. 合瓦屋面的檐头部分

合瓦屋面的檐头部分，最外侧的瓦使用带有翘起部分的花边瓦，也是正反使用。底瓦垄向下延伸，花边瓦向下用作滴水瓦；盖瓦垄向下延伸，花边瓦向上用作勾头瓦。在向上的花边瓦下面，有"瓦头"，作用是遮蔽瓦下面的泥。合瓦檐头部分如图7-7所示。

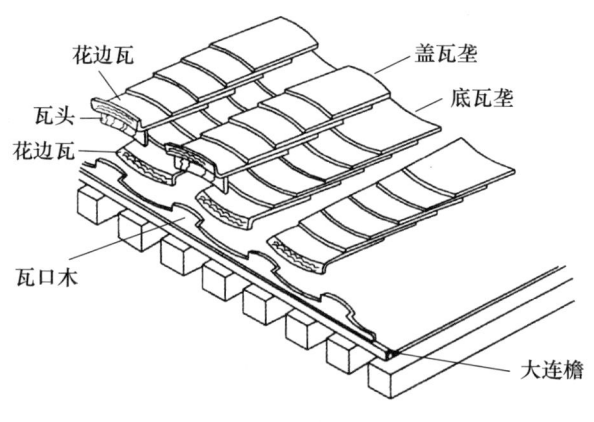

图 7-7　合瓦檐头部分

7.2.3　筒瓦屋面

1. 筒瓦屋面的名称

筒瓦屋面属于布瓦屋面中等级较高的，造型与琉璃瓦一致。称呼琉璃瓦时会加上颜色，如黄琉璃、绿琉璃等，所以在说筒瓦屋面时，一般就是指布瓦的筒瓦屋面。

筒瓦屋面以板瓦当作底瓦、筒瓦当作盖瓦，如图7-8所示。

图 7-8　筒瓦屋面

2. 捉节与裹垄

筒瓦屋面底瓦的铺设过程与合瓦屋面类似，只是盖瓦使用筒瓦砌筑。在筒瓦抹灰时有捉节和裹垄两种做法。

捉节做法与琉璃瓦一致，在两节筒瓦之间用灰填满填实，称为捉节灰。睁眼处用夹垄灰抹平。瓦面可以清楚地看到筒瓦是一节一节的。

裹垄做法是使用灰将筒瓦全部覆裹起来，这种做法等级更低，在民居修缮中更常见。

使用新瓦时应尽量使用捉节做法，筒瓦残破较多时采用裹垄做法。在一些修缮项目中，使用一部分新瓦一部分旧瓦时，可以使用半捉半裹的做法。

3. 筒瓦屋面的檐头部分

筒瓦屋面的檐头部分，底瓦延伸到檐头，是三角形滴水瓦。筒瓦延伸到檐头是带有圆形勾头的勾头瓦。圆形勾头内一般有龙凤花鸟等造型，黑活屋面的勾头可称为"猫头"。等级较高的屋面，在山面也做有滴子勾头，称为排山勾滴。在檐面向山面的转角处，由一块朝外 45 度的螳螂勾头同时盖住两侧的滴水瓦。筒瓦屋面和排山勾滴如图 7-9 所示。

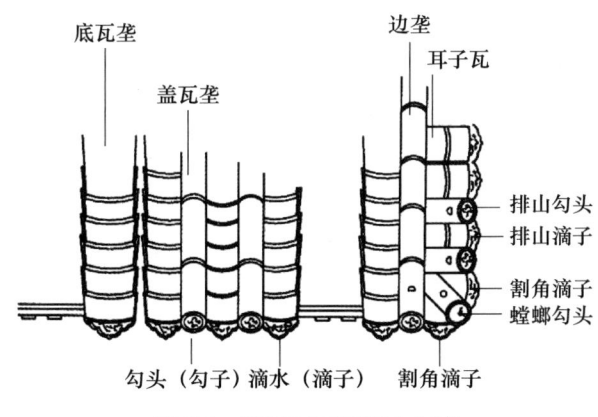

图 7-9　筒瓦屋面和排山勾滴

例题：

1. 瓦口木应钉在什么位置？（　　）

A. 大连檐之上

B. 望板之上

C. 椽头之上

D. 大连檐之下

辨析：考查瓦口木的位置。瓦口木垂直钉在大连檐之上。

答案：A

2. 在两块底瓦之间的空当填满灰的工序称为（　　）。

A. 背瓦翅

B. 勾瓦脸

C. 扎缝

D. 捉节

辨析：考查瓦面用灰位置的名称。将两块底瓦之间的空当填满灰称为扎缝。

答案：C

3. 筒瓦屋面分中号垄确定好屋面中线后，在通常情况下，居中应如何放置瓦件？（　　）

A. 居中放置底瓦，两底瓦之间的缝隙对齐屋面中线

B. 居中放置底瓦，一块底瓦中线对齐屋面中线

C. 居中放置筒瓦，两筒瓦之间的缝隙对齐屋面中线

D. 居中放置筒瓦，一块筒瓦中线对齐屋面中线

辨析：考查筒瓦屋面瓦件放置。在通常情况下，居中放置底瓦，应一块底瓦中线对齐屋面中线。

答案：B

4. （　　）筒瓦屋面铺设过程中使用新瓦时应尽量使用捉节做法，筒瓦残破较多时采用裹垄做法。

辨析：考查筒瓦铺设的两种做法。

答案：正确

7.3 调　　脊

7.3.1 屋面脊样式

1. 硬山和悬山的脊

在房屋最高处的脊称为"正脊"。正脊将整个屋面的瓦分成前后两"坡"。从正脊两端出发，沿着进深方向延伸出去的脊，称为"垂脊"。垂脊向前后坡屋面各延伸出一条，房屋两侧共有四条垂脊。

硬山和悬山建筑屋面的组成部分是一条正脊、四条垂脊、前后两坡屋面，如图 7-10 所示。

图 7-10　硬山房屋的屋面

2. 殿式和卷棚

如图 7-10 所示的硬山屋面，有明显的正脊，此类屋面称为"殿式"屋面。房屋最高处由瓦件曲线自然形成的正脊称为"过垄脊"。使用过垄脊的屋面也称为"卷棚"屋面，如图 7-11 所示。

图 7-11　筒瓦过垄脊

3. 其他屋面脊的名称

单层檐庑殿建筑的屋面被分割成四块，除了前后两坡屋面，两侧山面也各有一坡屋面，称为"撒头"。单层檐庑殿建筑屋面的组成部分是一条正脊、四条垂脊、四坡屋面。

单层檐歇山建筑屋面的组成部分是一条正脊、四条垂脊、四条戗脊、两条博脊、四坡屋面，其中戗脊和博脊是歇山建筑特有的脊。

攒尖建筑的尖称为宝顶，有多少个角就有多少条垂脊。

重檐建筑的下层檐有一圈围脊。从围脊出发向翼角延伸的称为角脊。

4. 压肩和撞肩

压肩和撞肩指的是瓦瓦和调脊施工的先后顺序。

（1）压肩

先铺设瓦面，再调脊，调脊时脊压着瓦面称为压肩做法。琉璃瓦多用压肩做法。如图7-12所示，琉璃瓦两坡瓦面已经砌筑好，交会到房屋最高屋脊处，两侧铺设便于施工的木板，随后进行调脊施工。

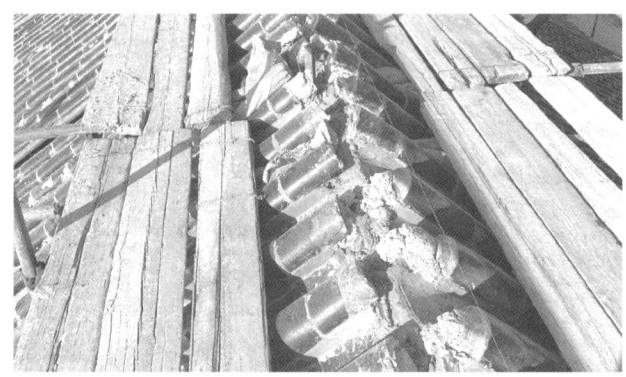

图7-12 压肩做法

（2）撞肩

在布瓦屋面施工时，一般先调脊，再铺设瓦面，瓦瓦时瓦撞向调好的脊，称为撞肩做法。黑活屋面多用撞肩做法。如图7-13所示，合瓦屋面正脊鞍子脊已经砌筑好，留有瓦面尚未瓦好，随后进行瓦面施工。

图7-13 撞肩做法

7.3.2 黑活脊造型

1. 黑活大脊

黑活屋面较大的脊，中间使用陡板挑高脊的高度，称为"陡板脊"。如很多庙宇的大殿正脊使用的就是陡板脊，又称为"黑活大脊"。

黑活大脊从上到下的六层构件是眉子、混砖、陡板、混砖、瓦条、瓦条，其中陡板的高度是可以调节的。由于大脊的高度较高，黑活大脊可以搭配脊兽使用。黑活大脊如图 7-14 所示。

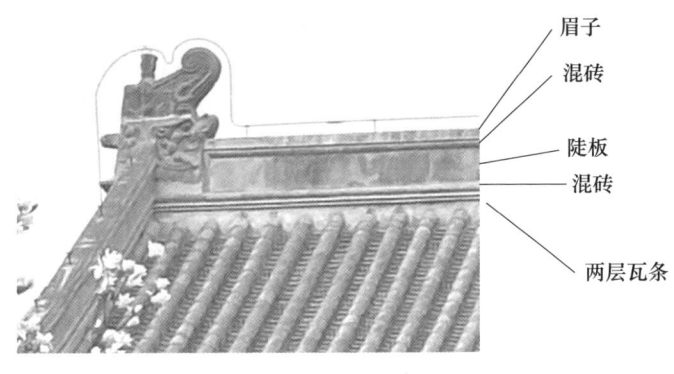

图 7-14　黑活大脊

2. 皮条脊

在黑活屋面中，更为常见的是皮条脊。皮条脊从上到下的四层构件是眉子、混砖、瓦条、瓦条。在脊的体量更小时，还可以减去一层瓦条。皮条脊属于小脊，通常情况下不搭配脊兽使用。有些重要但体量不大的单体建筑上，也有小式大做的特例，搭配各种大式做法。

3. 清水脊

清水脊是小式黑活屋面等级比较高的做法，是指正脊在皮条脊的基础上，向内收出边梢两垄瓦。在正脊两侧混砖一层，使用雕刻花纹的平草砖。平草砖之上是向斜上方翘起的蝎子尾。清水脊多用于大门、小门楼、垂花门等处的正脊，如图 7-15 所示。

图 7-15　清水脊

4. 花瓦脊

花瓦脊是较小脊的一种做法，在正脊、垂脊处都有使用。它与皮条脊的主要区别是，在脊件中使用花瓦的造型。花瓦指使用瓦片组合成各种图案，在民居和园林中多见这种做法，常见有沙锅套、金钱眼、三叶草、十字花等。花瓦脊如图7-16所示。

图 7-16　花瓦脊

5. 合瓦鞍子脊

鞍子脊是合瓦屋面正脊的一种，指正脊最高处的盖瓦较高，高出的部分形如马鞍，俗称鞍子脊。鞍子脊高出的部分要用灰泥砌筑严实，从瓦当之间看不到对面，这也是鞍子脊与合瓦过垄脊在外观上的区别。合瓦鞍子脊如图7-17所示。

图 7-17　合瓦鞍子脊

6. 合瓦过垄脊

合瓦过垄脊的做法与鞍子脊类似，正脊处不挑高，通过瓦垄可以看到房屋对面，是比较简单的正脊做法，在民居修缮中最为常见。合瓦过垄脊如图7-18所示。

图 7-18　合瓦过垄脊

7. 披水梢垄

披水梢垄是硬山建筑垂脊等级最低的做法，常见于小式民居。山墙最外侧博缝上方铺设一层披水砖，披水砖在山墙侧的出檐不应小于披水砖宽的一半，披水砖上使用一垄筒瓦当作梢垄，再向内侧一垄瓦称为边垄。这种做法可以用在筒瓦屋面，也可以用在合瓦屋面。披水梢垄如图 7-19 所示。

图 7-19　披水梢垄

例题：

1. 房屋最高处由瓦件自然形成，这样的正脊称为（　　）。
   A. 鞍子脊
   B. 过垄脊
   C. 清水脊
   D. 扁担脊

   辨析：考查正脊两种类型中的过垄脊造型。房屋最高处由瓦件自然形成的是过垄脊。

   答案：B

2. 黑活大脊可以通过调整哪个构件的高度，达到调整脊整体高度的目的？（　　）
   A. 眉子
   B. 瓦条
   C. 混砖
   D. 陡板

   辨析：考查黑活大脊的造型。黑活大脊各层构件中，通过调整陡板的高度，可以调节脊的整体高度。

   答案：D

3. 黑活屋面瓦瓦时屋脊多用哪种做法？（　　）
   A. 撞肩
   B. 压肩
   C. 碰肩
   D. 过肩

   辨析：考查黑活屋面瓦瓦时屋脊的做法。黑活屋面瓦瓦时屋脊多用撞肩做法。

   答案：A

4. （　　）披水梢垄比铃铛排山的等级高。

   辨析：考查硬山垂脊的做法。披水梢垄是硬山建筑垂脊等级最低的做法。

   答案：错误

8 古建筑技能等级认定考核

本章内容简介：本章介绍技能等级认定考核的相关知识，认定考核中督导的相关内容，理论知识考试的考核点以及例卷，实操考试的几种例题及评分标准。

8.1 技能等级认定相关知识

8.1.1 职业技能等级认定的定义

职业技能等级认定，是指经人力资源社会保障部备案公布的用人单位和社会培训评价组织，按照国家职业技能标准或评价规范对劳动者的职业技能水平进行考核评价的活动，是技能人才评价的重要方式。

8.1.2 职业技能等级认定的管理

人力资源社会保障部负责职业技能等级认定工作的政策制定、组织协调、宏观管理。

人力资源社会保障部职业技能鉴定中心负责职业技能等级认定的国家职业技能标准和评价规范开发、试题试卷命制、考务管理服务等的技术支持和指导，并负责职业技能等级认定工作质量监督。

有关行业部门、行业组织职业技能鉴定中心及有关单位配合做好本行业领域职业分类、职业技能标准或评价规范开发等技术性工作，为本行业领域用人单位和社会培训评价组织提供职业技能等级认定有关服务支持。

8.1.3 职业技能等级认定的范围和依据

职业技能等级认定的职业（工种）为现行《中华人民共和国职业分类大典》中技能类职业（工种），以及后续经人力资源社会保障部发布或备案的技能类职业（工种）。

依据职业分类，制定国家职业技能标准，备案国内行业企业评价规范，借鉴参考国际先进标准，健全完善职业技能等级认定标准体系。

国家职业技能标准和行业企业评价规范是实施职业技能等级认定的依据。

国家职业技能标准由人力资源社会保障部组织制定；行业企业评价规范由用人单位和社会培训评价组织参照《国家职业技能标准编制技术规程》开发，经人力资源社会保障部备案后实施。

职业技能等级一般分为初级工（五级）、中级工（四级）、高级工（三级）、技师（二级）和高级技师（一级）五个级别。用人单位可根据需要，在相应的职业技能等级内划分层次，或设立特级技师、首席技师等；社会培训评价组织一般按五个技能等级开展评价。

8.1.4 职业技能等级认定的组织实施

用人单位对本单位职工（含劳务派遣人员）进行自主评价，符合条件的用人单位按规定对其他用人单位和社会人员提供职业技能等级评价服务。

社会培训评价组织按照市场化、社会化、专业化原则面向社会开展职业技能等级认定。

评价机构实施职业技能等级认定时，评价职业（工种）有国家职业技能标准的，依据国家职业技能标准开展评价活动；评价职业（工种）没有国家职业技能标准的，可依据经人力资源社会保障部备案的评价规范开展评价活动。

评价机构依据国家职业技能标准或评价规范，结合实际确定评价内容和评价方式，综合运用理论知识考试、技能操作考核、工作业绩评审、过程考核、竞赛选拔等多种评价方式，对劳动者（含准备就业人员）的职业技能水平进行科学客观公正评价。开展评价命制试题试卷时，应当按照命题技术规程要求进行。

评价机构应当制定职业技能等级认定考务管理、质量管理、证书管理和收费标准等管理办法，并向社会公示公开。

评价机构应当建立考评人员和内部质量督导人员队伍，完善考核评价场地设施设备等，确保评价工作质量。

对经考试考核评审合格人员，评价机构可认定其职业技能等级，颁发相应职业技能等级证书。

职业技能等级证书实行全国统一编码规则和参考样式。评价机构按照统一的编码规则和参考样式要求，制作并颁发职业技能等级证书（或电子证书，可将社会保障卡作为电子证书的载体）。纸质证书与电子证书具有同等效力。

评价机构应妥善保管评价工作全过程资料，纸质材料保管不少于3年，电子材料不少于5年，确保评价过程和结果可追溯、可倒查。

8.1.5 服务和监管

中国就业培训技术指导中心（人力资源社会保障部职业技能鉴定中心）依托技能人才评价信息服务平台，利用信息化手段，向社会提供评价机构和职业技能等级证书有关信息查询服务，内容包括评价机构名称、备案期限、评价职业（工种）及等级范围、国家职业技能标准或评价规范、职业技能等级证书有关信息等。

有关职业技能鉴定中心要做好职业技能等级认定管理人员、考评人员、督导人员和专家队伍建设规划，指导评价机构做好人员培训，加强规范管理，提供技术支持和指导。

职业技能等级认定活动实行属地化管理，构建政府监管、机构自律、社会监督的质量监督体系。

8.2 督导相关知识

8.2.1 质量督导的推行背景

我国现行职业资格证书制度源于计划经济体制时期的八级工人技术等级考核制度。1993年党的十四届三中全会通过的《中共中央关于建立社会主义市场经济体制若干问题的决定》要求，制定各种职业资格的标准和录用标准，实行学历文凭和职业资格两种证书并重的制度，首次确立国家职业资格证书制度。1993年9月，劳动部颁布了《职业技能鉴定规定》（劳部发〔1993〕134号），在全国展开了职业技能鉴定工作。

在1997年劳动部颁发的《职业技能鉴定质量督导工作规程（试行）》中，我国最早使用职业技能鉴定质量督导人员一词。我国职业技能鉴定（以下简称鉴定）是按照国家规定的职业标准，通过政府授权的考核鉴定机构，对劳动者的专业知识和技能水平进行客观、公正、科学、规范的评价与认证的活动。

1. 质量督导的地位

鉴定质量是鉴定工作和国家证书制度的生命线。只有建立和完善了职业技能鉴定质量的监督机制，才能确保职业技能鉴定质量。质量督导是质量体系中的重要组成部分，是提高鉴定质量的有效手段。近几年质量督导制度的推行，取得了比较明显的效果，得到各地区、各行业的响应，变为他们的行动。推行质量督导制度和开展质量督导工作，在保证职业技能鉴定质量、推进国家证书制度中，处于极其重要而又独特的地位。

2. 质量督导的作用

职业技能鉴定质量督导工作是对鉴定活动的整个过程和鉴定工作结果进行质量检查与指导，并对职业技能鉴定各环节的过程管理和工作结果的督导监控发挥着重要的作用。其具体作用有以下几点：

（1）督促作用

通过开展质量督导工作，督促检查职业技能鉴定机构贯彻落实国家有关职业技能鉴定的法规、规章和政策的情况。

（2）推动作用

职业技能鉴定机构管理水平的高低直接影响着职业技能鉴定工作的质量。通过建立质量督导制度，对各级职业技能鉴定机构实行质量督导，督促职业技能鉴定机构不断完善内部规章制度，推动职业技能鉴定机构持续改进管理水平，确保职业技能鉴定工作健康发展。

（3）规范作用

质量督导能对职业技能鉴定活动组织实施的过程进行有效监督。向职业技能鉴定机构派遣督导人员，运用科学的技术方法，从考前、考中、考后的工作环节入手，规范职业技能鉴定机构的工作程序，避免随意性和不规范操作的发生。

（4）促进作用

促进作用即促进考评人员工作水平的提高。考评人员的主要职责是在规定职业（工种）、等级和类别范围内，按照统一的标准和规范，对参考人员进行考核评审。考评人员是职业技能鉴定活动中最重要的要素之一，其工作是职业技能鉴定的核心活动。要使考评人员能够严格遵循国家关于职业技能鉴定的规章制度，合理运用有关考评技术，必须建立一种制度，对考评人员实施考评工作的全过程进行监督，以督促考评人员坚持公平、公开、公正的原则，确保高质量地完成职业技能鉴定工作。

3. 职业技能鉴定的发展趋势

2003年，技能人才被纳入国家人才的序列。2006年，中共中央办公厅、国务院办公厅发出《关于进一步加强高技能人才工作的意见》（中办发〔2006〕15号）的通知。2010年，中共中央、国务院印发了《国家中长期人才发展规划纲要（2010—2020年）》。

这些新形势和新目标把我国高技能人才队伍的建设推向一个更新、更高的战略位置，高端带动中、初级技能劳动者队伍梯次发展成为当前与今后一个时期的工作目标，鉴定质量也成为当前与今后一个时期鉴定工作的主旋律。上述文件及纲要的出台，不仅给鉴定质量管理工作提出了高要求和带来了新机遇，更预示着职业技能鉴定事业跨入一个新的发展阶段。发展趋势主要体现在以下三个方面：

（1）社会化发展趋势

社会化包括深入推进就业准入制度和引进激励机制等诸多方面。要巩固和发展就业准入制度，拓展职业资格证书在劳动力市场的覆盖面。从1999年开始，我国就实行了劳动就业准入制度，将职业资格证书制度与就业制度紧密配合，实行"先培训后就业、先培训后上岗"的就业准入制度，使职业资格证书在劳动力市场起到了"通行证"的作用。

要进一步加强职业资格证书制度与企业，尤其是非公有制经济组织和社会组织劳动工资制度的衔接，充分发挥职业资格证书在职工培训、考核和工资分配中的杠杆作用，建立劳动者凭技能得到使用和晋升，凭业绩确定收入分配的激励机制。

（2）规范化、国际化发展趋势

规范化指的是随着我国社会主义现代化建设事业的高速发展，新的职业（工种）不断出现，职业资格证书必须坚持一体化和规范化方向。国际化指的是随着经济全球化的发展趋势，我国劳务输出和输入规模将继续扩大，职业资格证书制度将在更大范围上与国际接轨。

（3）制度化发展趋势

维护职业资格证书的权威性，实施职业技能鉴定机构质量管理体系认证和职业技能鉴定质量督导制度，是提高职业技能鉴定质量的有效手段，是确保职业技能鉴定健康发展的客观要求。

职业技能鉴定质量督导是实行鉴定活动过程与工作结果的"经常性检查"和"现场督考"，对容易产生质量问题的环节与结果进行检查纠正和治理指导，避免或减少职业技能鉴定机构及人员工作行为的不规范操作现象。职业技能鉴定机构质量管理体系认证是对职业技能鉴定机构贯彻落实国家有关法规、规章制度、考务管理和证书管理等工作进行系统全面的评估和认证。

8.2.2 质量督导概述

1. 职业技能鉴定质量督导的概念

《职业技能鉴定质量督导工作规程》（劳社培就司函〔2003〕126号）（以下简称《规程》）第二条：职业技能鉴定质量督导是指人力资源社会保障部按照国家职业技能鉴定的有关要求，对职业技能鉴定机构贯彻国家职业技能鉴定有关法规、规章和政策，执行国家职业标准、考务管理及证书管理等工作进行监督、检查。

2. 职业技能鉴定质量督导的工作依据

《规程》第三条：职业技能鉴定质量督导应依据国家法律、法规和国家职业标准及其他政策性、技术性文件，遵循客观公正、科学规范的原则开展工作。

3. 质量督导人员委派

质量督导人员实行委派制。由人力资源社会保障部从取得质量督导员资格的人员中委派，委派前应明确双方的责任、权利和义务。质量督导人员实行培训认证制度。由人力资源社会保障部颁发《职业技能鉴定国家级质量督导员》证卡。《职业技能鉴定质量督导员》和《职业技能鉴定国家级质量督导员》证卡由人力资源社会保障部统一样式，有效期为三年。

《规程》第十四条：质量督导人员应当接受政治理论、劳动保障法规和职业技能鉴定管理、督导等方面的培训。

《规程》第十五条：质量督导人员资格考核采取笔试方式进行。试题试卷由人力资源社会保障部组织有关专家统一编制。

4. 职业技能鉴定质量督导的工作职责

（1）对职业技能鉴定机构贯彻执行有关职业技能鉴定法规、规章和有关政策的情况实施督导。

（2）对下级职业技能鉴定机构管理职业技能鉴定工作的情况实施督导。

（3）对职业技能鉴定所（站）及相应考核机构的工作实施督导。包括职业技能鉴定所（站）运行条件和鉴定范围、试题及题库、考评人员资格、参加鉴定人员的资格条件审查、考务管理程序和考场秩序以及职业资格证书管理等。

（4）受人力资源社会保障部的委托，对群众举报的职业技能鉴定违规违纪情况进行调查、核实。

（5）对职业技能鉴定工作中的重大问题进行调查研究，向同级人力资源社会保障部报告和反映情况，提出建议。

5. 职业技能鉴定质量督导的形式

质量督导分现场督考和经常性检查两种形式。

6. 质量督导人员的督导方式

（1）监督职业技能鉴定活动。

（2）听取情况汇报。

（3）查阅有关文件、档案、资料。

（4）进行个别访问、调查问卷、测试和复核。

（5）现场调查。

7. 质量督导人员应具备的条件

（1）热爱职业技能鉴定工作，廉洁奉公、办事公道、作风正派，具有良好的职业道德和敬业精神。

（2）掌握国家职业技能鉴定有关政策、法规和规章，熟悉职业技能鉴定理论和技术方法。

（3）从事职业技能鉴定行政和技术管理工作或担任过三年以上职业技能鉴定考评工作且年度评估合格。

8. 职业技能鉴定质量督导员的权利

《规程》第十六条：在质量督导工作中，被督导单位及有关人员有下列情形之一的，质量督导人员可提请其主管部门对该单位按有关规定予以处理。

（1）拒绝向质量督导人员提供有关情况和文件、资料的。

（2）阻挠有关人员向质量督导人员反映情况的。

（3）对提出的督导意见，拒不采取改进措施的。

（4）弄虚作假、采取欺骗手段干扰职业技能鉴定质量督导工作的。

（5）打击、报复质量督导人员的。

（6）其他影响质量督导工作的行为。

9. 对督导人员的处分

《规程》第十七条：质量督导人员有下列情况之一的，由其所在单位给予批评教育或行政处分；情节严重的，由人力资源社会保障部取消其质量督导人员资格。

（1）违反职业技能鉴定有关规定的。

（2）因渎职贻误工作的。

（3）利用职权谋取私利的。

（4）利用职权包庇或打击报复他人，侵害他人合法权益的。

（5）其他妨碍工作正常进行，并造成恶劣影响的。

8.2.3 经常性检查和现场督考

1. 经常性检查的概念

经常性检查是指由各级人力资源社会保障部或人力资源社会保障工作机构（含行业或集团公司）组织的，对职业技能鉴定机构以及鉴定行政管理机构一段时间内执行相关法规，以及职业技能鉴定工作结果进行定期或不定期的质量监督检查和工作指导。经常性检查是一种非现场的质量督导形式。开展经常性检查活动，其目的旨在规范职业技能鉴定工作与工作行为，确保鉴定质量；及时发现问题，有针对性地改进职业技能鉴定工作，使国家职业资格证书制度不断完善。

2. 经常性检查的种类

经常性检查通常按检查对象和检查内容两种办法进行分类。

3. 现场督考的概念

现场督考是指质量督导人员对职业技能鉴定考试现场与工作现场的全过程进行质量监督检查，是一种直接的不定期的技术性质量督导活动。现场督考也可称技术督导。

（1）现场督考的种类

现场督考分为考试现场督考和工作现场督考两种。

（2）考试现场督考主要内容环节

检查职业技能鉴定活动现场的管理与程序，包括考生资格的抽查与复核、考评人员的行为与能力、考场纪律的管理与反馈、考务管理的实施与程序以及考生的参考行为等。

（3）工作现场督考主要内容环节

检查督导当批次考前职业技能鉴定活动的考务准备工作（考生资格审查核实、考场布置、安排考评人员配备）、考后的试卷阅评、成绩复核、上报审批、证书办理等过程质量。

4. 考前督考工作

（1）考场环境相对独立，按 30 人以内的标准教室设置，考场内整齐干净并清空课桌。

（2）考场示意图、考场号、考生名单、座位号、考场规则告示等考场标志张贴规范、完整。

（3）考生位一人一桌（包括计算机考试），桌距均等，考生前后左右间距不得少于 80 厘米，智能化考试计算机软硬件应在考前做好调试，并配备考生人数 10% 的备用机器。

（4）考场内的黑板上应写明本考场的职业、等级、起止时间等相关内容。

（5）考场内设置视频监控、信号屏蔽仪等考场管理设备。

5. 考务、纪律管理

（1）管理人员召开考前会议，交代考务工作流程及要求，发放《考生签到表》《信息纠错表》、监考证等相关资料，并安排有关事项。

（2）监考人员按 15∶1 的比例配备并佩证上岗（每个考场至少配备 2 名监考人员）。

（3）宣布考场规则、要求所有考生物品统一摆放，书籍资料、包等规定以外的物品不得带至座位。

（4）关闭手机电源，考场内保持安静，不发生考生手机铃响现象。

（5）监考人员按《考生签到表》检查考生身份证件、准考证，并要求考生在签到表上签字。两证均缺少取消考试资格，缺一者视情况而定，前提应确保为本人考试。

（6）按鉴定方案准时开考，迟到 30 分钟后的考生不得入场，开考 30 分钟后才能交卷退场。

（7）试卷、答题卡等按规定时间现场启封、发放、回收，没有推迟或提早等现象（考前 10 分钟当众拆封答题卡并按人数发放，考前 5 分钟当众拆封试卷并按人数发放）。

（8）试卷、答题卡等交接、收发有序，各个环节未有混乱、遗漏现象。

（9）监考人员认真履行监考职责，考场记录填写完整规范并严格查处违纪，考场内外人员保持安静。

（10）组织机构考前准备充分，考务管理人员工作程序到位，认真履行考务职责，处理问题及时合理，确保考试顺利进行。试卷封口后应由考务管理人员签名确认。

8.2.4 应急事件处置

突发重大鉴定违规事件，不仅事态易扩大与升级，而且影响易扩散且极坏。因此，应对突发重大鉴定违规事件，建立应急处理机制，及时采取措施避免事态扩大和产生不良后果是非常必要的。结合突发重大鉴定违规事件具有隐蔽性、突发性、影响广泛、后果严重等特点，处置突发重大鉴定违规事件主要有以下三个方面。

1. 建立应急工作机制

建立应急工作机制的目的，就是要尽早发现可能产生严重后果的隐患，科学处理突发违规事件，减少不必要的损失。因此，建立必要的应急工作机制是非常必要的。突发重大违规事件应急工作机制是指突发重大违规事件的处置机制，其内容包括以下四个机制。

（1）建立应急指挥系统

省级以上的职业技能鉴定行政管理与技术组织机构，均应联合建立处理突发重大鉴定事件应急指挥系统，做到预防得当和反应快速，保障上级指令执行有效，指挥下级有力。

（2）建立预警监控机制

建立突发事件的预警信息、预警行动、预警支持系统，并保障信息的收集、整理、发布制度等，实现预警准确、信息及时的目标。

（3）建立责任与协调机制

应明确规定各级各部门职责，落实到人，并在此基础上，形成管理与技术部门、上级与下级部门、行政与司法部门应急处置协调一致。

（4）实行严格的值班制度

每场鉴定活动必须安排值班人员，执行报告制度，指定使用或配备专项技术装备，保证考场信息情况的通报准确和处理及时。

2. 编制应急工作预案

应急工作方案是处置突发应急鉴定违规事件的基本对策与办法，其内容主要包括以下几项：

（1）应急预案工作的领导和组织

各级职业技能鉴定机构要高度重视应急预案编制工作，应对本部门可能突发的违规事件的环节与可能性进行深入研究和科学分析，为预案编制提供参考依据。

（2）应急预案的基本内容

突发重大鉴定违规事件应急预案主要包括六方面基本内容：一是建立应急组织机构，明确组织职责、组织体系和框架等。二是建立重大职业技能鉴定违规事件的监测与预警制度等。三是建立重大职业技能鉴定违规事件信息的收集、分析、报告和通知等制度。四是建立突发重大鉴定违规事件应急处置技术及相关机构组织，依靠科学技术提高专业化水平。五是建立切实可行的重大鉴定违规事件分级和应急处置的工作方案，包括组织领导、适用范围、职责范围、排查和预防、事件处理、信息报和通报、责任追究等。六是完善突发重大鉴定违规事件应急处置队伍的建设和培训，包括演练等。

(3) 培训演练和宣传教育工作

应急预案能否在应对突发事件中发挥应有的作用，关键要看各级职业技能鉴定机构组织领导的指挥水平和专业技能，看相关工作人员参与应急管理的能力，这些都必须通过培训演练和宣传教育来实现。针对各级鉴定机构负责人，培训的重点是提高认识，增强应急管理意识，提高应急指挥水平；针对从事职业技能鉴定质量管理人员，重点是提高应急处置能力。组织机构负责人要带头学习应急管理工作知识，熟悉预案，并将其作为自身开展工作的必修课。演练工作要按照预案全过程组织人员进行，每个环节都要实施到位。演练后要有评估，发现问题，及时整改。

3. 制定应急工作措施

(1) 统一领导，整体重视

建立健全分类管理、分级负责、条块结合、属地管理为主的应急管理制度，形成统一指挥、程序规范、反应灵敏、运转高效的应急机制。各部门要按照应急预案要求，本着立足现实、充实加强、细化职责、重在建设的方针，切实完善应急工作措施，形成统一高效的重大职业技能鉴定违规事件应急管理体系。

(2) 预防为主，防患未然

健全重大职业技能鉴定违规事件管理机制，建立和完善监测、预报、预警体系，对可能发生的突发重大职业技能鉴定违规事件进行预警，做到早发现、早报告、早处置。应对危机管理于日常管理之中，把重大职业技能鉴定违规事件消灭在萌芽状态，把事态控制在最小影响范围内。应坚持预防与应急相结合、常态与非常态相结合，做到关口前移、重心下移，做好风险调查、隐患分析工作。同时，应加强应急管理中的信息工作，规范信息报送要素和渠道，建立相关责任制度，快速、真实、准确地报送信息。

(3) 协同应对，快速反应

重大职业技能鉴定违规事件应急管理，是一项涉及多个部门、多个方面的系统工程。各部门不仅要加强本部门的应急管理，落实好自己负责的工作内容，还要按照应急预案的要求，做好纵向的和横向的协同配合工作。要建立健全应急处置的联动机制，明确各方职责，确保一旦有事，能够有效组织、快速反应、高效运转、临事不乱。

(4) 加强基层，突出重点

重大鉴定违规事件应急管理工作的重点在基层，基层的应急处理能力是全部应急管理的基础，各级组织机构每个工作人员的积极参与是应急管理体系的重要组成部分。必须高度重视和加强重大职业技能鉴定违规事件的应急管理工作，尤其是工作在第一线的工作人员；必须高度重视和加强各级培训机构组织和职业技能鉴定所站的应急管理工作，各类培训机构组织和职业技能鉴定所站也要制定应急预案。

8.2.5 职业道德标准

质量督导人员是职业技能鉴定质量督导工作的实施者，质量督导行为关系到质量督导工作的质量。因此，必须注重质量督导人员职业道德的要求，加强其职业素养的提升和业务培训的考核，以不断增强职业技能鉴定质量督导工作的责任心，保证质量督导工作的实效性和权威性。

1. 职业道德的概念

职业道德是人们在职业活动中应遵循的特定职业规范和行为准则,即正确处理职业内部、职业之间、职业与社会、人与人之间关系应当遵循的思想和行为的规范。它是一般社会道德在不同职业中的特殊表现形式。职业道德是在相应的职业环境和职业实践中形成和发展的。职业道德既是对本职人员在职业活动中的行为标准和要求,同时又是职业对社会所担负的道德责任与义务。

2. 职业道德规范

规范即准则。职业道德规范是职业道德基本原则的具体化,它在职业活动中调整个人与他人、集体、社会之间的利益关系,是判断人们行为善恶的准绳。质量督导人员的职业道德规范,是质量督导人员任职于质量督导岗位时所必须遵循的其职业活动相适应的行为规范。它主要包括以下几方面内容:

(1) 遵纪守法、廉洁自律

质量督导人员要自觉遵守与职业活动相关的法律法规,用《中华人民共和国劳动法》《中华人民共和国就业促进法》《中华人民共和国行政许可法》及《职业技能鉴定质量督导工作规程》的要求约束自己的行为,以维护国家职业资格证书的权威性为天职,提高法纪意识,增强道德修养。

质量督导人员要做到廉洁自律,核心是要牢固树立正确的权力观。廉洁强调的是克己奉公、不以权谋私;自律强调的是自觉地约束自己的言行。质量督导人员要以强烈的责任感做好质量督导工作,同时自觉接受社会、劳动者、职业技能鉴定机构的监督。

(2) 坚持原则、公平公正

坚持原则,就是要严格照章办事。在市场经济条件下,质量督导人员的工作可能会自觉或不自觉地受到来自各方面的干扰,如果质量督导人员不具备坚持原则的品质,就可能用手中的权力换取某些利益。

公平公正是要求质量督导人员不因个人的偏见、好恶、私心等对待和处理问题。具备公平、公正的品质,就能坚持客观性和严肃性,维护对劳动者的技能素质选拔标准,维护用人单位及国家的利益。

(3) 爱岗敬业、诚实守信

爱岗敬业是职业道德规范的核心。爱岗是建立在对所从事职业有正确认识的基础上的;敬业要做到笃信,即保持对本职工作的信念和社会价值的认同,相信自己所从事的工作是最有意义的工作,是有利于社会和劳动者的。

诚实守信是对职业行为最基本的要求,是中华民族传统美德一脉相承的文化基因。在市场经济条件下,作为一个崇尚诚信的民族,正面临着信誉和信用的严峻考验。质量督导人员是在为提高国家职业资格证书制度的美誉度、捍卫鉴定的公信力而努力工作。

(4) 举止文明、礼貌待人

举止文明、礼貌待人是要求质量督导人员在工作中要稳重大方,尊重他人。质量督导人员不能因为自己是上级委派的,就高高在上,语言强势。在与鉴定机构管理人员、考评人员、考生交往的过程中,质量督导人员谦逊的态度能体现出个人良好的素养,增添个人的魅力，对完成质量督导工作起到积极的作用。

3. 加强职业道德教育

职业道德教育是指社会各部门、各行业为强化某种具有职业特点的道德意识和行为规范所做的教育培训。对质量督导人员开展职业道德教育，应从以下两个方面着手：

（1）实施任职前的资格认证培训

质量督导人员聘任前必须参加资格认证培训，加强对质量督导工作相关法律、法规、政策、制度的学习，强化职业道德理论，规范工作行为，增强工作责任心。

（2）建立任期内的培训与考核

在质量督导人员任期内可以采用短期轮训、现场观摩、技术交流、理论研讨等多种方式，加强新时期职业道德的学习，任期内的现场工作能力与态度情况反馈、业绩考核结果也是鼓励先进、鞭策后进，促进全员思想素质整体提升的必要途径。

8.3 技能等级认定理论考试

8.3.1 理论知识考试

1. 理论考试的范围

技能等级认定的理论知识包含安全生产知识、古建筑基本知识、专业知识、操作技能相关知识等。

2. 理论考试的题型和分数

理论考试的题型分为单项选择题和判断题两类,其中单项选择题 80 分,判断题 20 分,共计 100 分。

3. 理论考试的时间和及格线

理论考试时间 90 分钟,通常设定及格线是 60 分。

8.3.2 组卷计划书

组卷计划书是理论考试试卷题目组成的大纲。在组卷计划书中明示各章节层级包含的题目数量,可以判定考试知识点分布的比重。在技能等级认定五级考试中,选择题为 B 类题,第一道选择题题号 1B,直到 80B。判断题为 C 类题,第一道判断题题号 1C,直到 20C。

例卷的组卷计划书详见表 8-1。

表 8-1 组卷计划书

序号	一级 名称和代码	分值 认证比重	二级 名称和代码	分值 认证比重	三级 名称和代码	分值 认证比重	四级 代码	名称	例卷
1	A 古建筑瓦工	20	A 瓦工基础知识	3	A 古建筑瓦工岗位	2	AAA1	传统瓦工	1B
2							AAA2	职业道德	
3							AAA3	职业技能等级	2B
4							AAA4	职业技能构成	
5					B 古建筑瓦工要求	1	AAB1	瓦工职业要求	1C
6							AAB2	瓦工技能要求	
7			B 古建筑灰浆	7	A 古建筑灰浆	1	ABA1	灰浆名称	
8							ABA2	灰浆种类繁多	3B
9					B 基础原料灰浆	1	ABB1	泼灰	4B
10							ABB2	其他原料灰浆	
11							ABB3	现代水泥砂浆	
12					C 按掺入麻刀分类	1	ABC1	素灰	
13							ABC2	麻刀灰	5B

续表

序号	一级 名称和代码	分值 认证比重	二级 名称和代码	分值 认证比重	三级 名称和代码	分值 认证比重	四级 代码	名称	例卷
14	A 古建筑瓦工	20	B 古建筑灰浆	7	D 按颜色分类	1	ABD1	白灰	
15							ABD2	月白灰	
16							ABD3	红灰	6B
17							ABD4	黄灰	
18					E 按专向用途分类	2	ABE1	护板灰	
19							ABE2	扎缝灰	2C
20							ABE3	驼背灰	
21							ABE4	熊头灰	
22							ABE5	节子灰	7B
23							ABE6	夹垄灰	
24					F 按添加材料分类	1	ABF1	江米灰浆	8B
25							ABF2	麻刀油灰	
26							ABF3	砖面灰	
27							ABF4	滑秸灰	
28			C 瓦工工具	3	A 常用土作工具	1	ACA1	土作工具	9B
29					B 常用瓦工工具	2	ACB1	瓦刀	10B
30							ACB2	托灰板	
31							ACB3	抹子	
32							ACB4	靠尺和水平尺	
33							ACB5	线坠	
34							ACB6	墨斗	
35							ACB7	大铲	3C
36							ACB8	刨锛	
37							ACB9	皮数杆	
38							ACB10	溜子	
39			D 砖料	4	A 条形砖	2	ADA1	澄浆城砖和停泥城砖	
40							ADA2	大城样和二城样	
41							ADA3	大停泥和小停泥	11B
42							ADA4	开条砖	
43							ADA5	贴面砖	12B
44							ADA6	现代红砖	
45					B 方砖	1	ADB1	尺二方砖	13B
46							ADB2	其他方砖	
47					C 砖加工	1	ADC1	砖加工	4C
48			E 瓦件	3	A 琉璃瓦	1	AEA1	琉璃瓦颜色	14B
49							AEA2	琉璃瓦尺寸	
50							AEA3	琉璃脊件	
51					B 布瓦	2	AEB1	筒瓦和合瓦	15B
52							AEB2	布瓦尺寸	16B
53							AEB3	黑活脊件	

续表

序号	一级 名称和代码	分值 认证比重	二级 名称和代码	分值 认证比重	三级 名称和代码	分值 认证比重	四级 代码	名称	例卷
54	B 安全生产	4	A 安全生产常识	3	A 安全生产要求	1	BAA1	安全生产定义	17B
55							BAA2	安全生产管理	
56							BAA3	安全生产目标	
57							BAA4	安全生产的人员对象	
58							BAA5	安全生产的管理内容	
59					B 事故	1	BAB1	事故的定义	
60							BAB2	事故分类	
61							BAB3	事故隐患	
62							BAB4	危险源	5C
63							BAB5	事故成因	
64							BAB6	事故类别	
65					C 安全生产法律法规	1	BAC1	安全法律法规	18B
66			B 安全防护用品	1	A 常用安全防护用品	1	BBA1	安全帽	19B
67							BBA2	防护眼镜和防护面罩	
68							BBA3	防尘面罩	
69							BBA4	防护耳塞	
70							BBA5	防护耳罩	
71							BBA6	防护鞋	
72							BBA7	防护手套	
73							BBA8	防坠落护具	
74	C 古建筑房屋	10	A 房屋基础知识	6	A 单体开间	2	CAA1	古建筑单体	20B
75							CAA2	开间	21B
76							CAA3	开间位置关系	
77					B 面阔和进深	2	CAB1	面阔	22B
78							CAB2	进深	
79							CAB3	面阔步架位置关系	23B
80					C 古建筑三段式	1	CAC1	古建筑下段	6C
81							CAC2	古建筑中段	
82							CAC3	古建筑上段	
83					D 古建筑屋面基本类型	1	CAD1	硬山建筑	24B
84							CAD2	悬山建筑	
85							CAD3	歇山建筑	
86							CAD4	庑殿建筑	
87							CAD5	攒尖建筑	

续表

序号	一级 名称和代码	分值 认证比重	二级 名称和代码	分值 认证比重	三级 名称和代码	分值 认证比重	四级 代码	名称	例卷
88	C 古建筑房屋	10	B 民居院落	2	A 四合院	1	CBA1	四合院名称	7C
89					B 院落大门	1	CBB1	屋宇式大门	
90							CBB2	墙垣门	25B
91			C 木结构和园林基础	2	A 七檩硬山木结构	1	CCA1	下层架部分	26B
92							CCA2	上层架部分	
93							CCA3	屋面木基层	
94					B 中国古典园林	1	CCB1	古典园林的组成	27B
95							CCB2	水榭	
96							CCB3	连廊	
97	D 古建筑台基	15	A 地基基础	5	A 开挖地基	1	DAA1	开槽	28B
98							DAA2	压槽	
99					B 灰土	2	DAB1	灰土名称	8C
100							DAB2	灰土施工	
101							DAB3	灰土尺寸	29B
102					C 台基基础	2	DAC1	台基名称	30B
103							DAC2	台基标高	
104							DAC3	台基造型	9C
105			B 台基内部构造	2	A 磉墩与拦土	1	DBA1	磉墩拦土名称	31B
106							DBA2	磉墩位置造型	
107					B 柱顶石	1	DBB1	柱顶石名称	32B
108							DBB2	柱顶石造型	
109			C 台基外部构造	4	A 埋头石	1	DCA1	埋头石名称	33B
110							DCA2	埋头石造型	
111					B 土衬和陡板	2	DCB1	土衬和陡板名称	34B
112							DCB2	土衬和陡板做法	
113							DCB3	土衬和陡板位置关系	35B
114					C 阶条石	1	DCC1	阶条石名称	36B
115							DCC2	阶条石位置造型	
116			D 台阶	4	A 垂带踏跺	1	DDA1	垂带踏跺名称	37B
117							DDA2	垂带踏跺构造	
118					B 如意踏跺	1	DDB1	如意踏跺名称	38B
119							DDB2	如意踏跺构造	
120					C 礓嚓台阶	1	DDC1	礓嚓台阶名称	39B
121							DDC2	礓嚓台阶位置	
122					D 其他台阶	1	DDD1	其他台阶及台阶组合	40B

续表

序号	一级 名称和代码	分值 认证比重	二级 名称和代码	分值 认证比重	三级 名称和代码	分值 认证比重	四级 代码	名称	例卷
123	E 古建筑地面	8	A 古建筑地面分类	2	A 按材质分类	1	EAA1	砖材地面	
124							EAA2	石材地面	10C
125							EAA3	土地面	
126					B 按做法分类	1	EAB1	细墁地面	11C
127							EAB2	糙墁地面	
128			B 古建筑地面做法	6	A 室内地面	2	EBA1	院落地面位置	
129							EBA2	室内地面名称	41B
130							EBA3	室内地面做法	42B
131					B 房屋散水	2	EBB1	房屋散水名称	43B
132							EBB2	出角和窝角	
133							EBB3	房屋散水作用	
134							EBB4	房屋散水做法	44B
135					C 甬路	1	EBC1	甬路名称	45B
136							EBC2	甬路的海墁和散水	
137					D 海墁	1	EBD1	院落海墁	46B
138	F 古建筑墙体	22	A 墙体排砖造型	4	A 砖的摆砌形式	2	FAA1	砖各面的名称	
139							FAA2	卧砖砌筑	12C
140							FAA3	甃砖砌筑	47B
141							FAA4	陡砖砌筑	
142					B 排砖艺术形式	2	FAB1	十字缝	48B
143							FAB2	落落丁	
144							FAB3	满丁满条	49B
145							FAB4	一顺一丁	
146							FAB5	三顺一丁	
147			B 山墙	13	A 硬山房屋各部分墙体	1	FBA1	房屋墙体名称	50B
148							FBA2	山墙各部分名称	
149					B 下碱	2	FBB1	下碱名称	51B
150							FBB2	下碱位置	
151							FBB3	下碱造型	13C
152					C 上身	2	FBC1	墙体上身中心	52B
153							FBC2	墙体上身两端	
154							FBC3	山墙内侧	53B
155					D 山尖	2	FBD1	山尖名称	54B
156							FBD2	挑檐山坠	
157							FBD3	山尖拔檐	14C

续表

序号	一级 名称和代码	分值 认证比重	二级 名称和代码	分值 认证比重	三级 名称和代码	分值 认证比重	四级 代码	名称	例卷
158	F古建筑墙体	22	B山墙	13	E博缝	2	FBE1	博缝名称	55B
159							FBE2	博缝位置	
160							FBE3	铃铛排山	56B
161					F墀头	2	FBF1	墀头名称	15C
162							FBF2	墀头盘头	
163							FBF3	墀头咬中	57B
164					G廊心墙	2	FBG1	廊心墙名称	58B
165							FBG2	廊心墙上身	
166							FBG3	廊心墙其他位置	59B
167			C其他墙体和砌筑工艺	5	A槛墙	1	FCA1	槛墙名称位置	60B
168							FCA2	槛墙做法	
169					B檐墙	2	FCB1	檐墙名称做法	61B
170							FCB2	老檐出	
171							FCB3	封护檐	62B
172					C墙体砌筑工艺	2	FCC1	干摆墙	16C
173							FCC2	丝缝墙	
174							FCC3	淌白墙	
175							FCC4	糙砌砖墙	63B
176							FCC5	碎砖抹灰	
177							FCC6	仿古贴面	
178	G古建筑屋面	16	A苫背	5	A苫背层	1	GAA1	苫背层名称	64B
179							GAA2	苫背层组成	
180					B护板灰	1	GAB1	护板灰名称作用	65B
181					C泥背	1	GAC1	泥背名称	
182							GAC2	泥背作用	17C
183					D灰背	1	GAD1	灰背名称	66B
184							GAD2	晾晒灰背	
185					E瓦瓦泥	1	GAE1	瓦瓦泥名称	67B
186							GAE2	瓦瓦泥作用	
187			B瓦面	7	A瓦口木	2	GBA1	分中号垄	68B
188							GBA2	瓦口木名称	
189							GBA3	瓦口木作用	18C
190					B合瓦屋面	3	GBB1	合瓦屋面名称	69B
191							GBB2	合瓦底瓦	
192							GBB3	合瓦盖瓦	70B

续表

序号	一级 名称和代码	分值 认证比重	二级 名称和代码	分值 认证比重	三级 名称和代码	分值 认证比重	四级 代码	名称	例卷
193					B 合瓦屋面	3	GBB4	合瓦灰缝处理	
194							GBB5	合瓦檐头部分	71B
195			B 瓦面	7			GBC1	筒瓦屋面名称	
196					C 筒瓦屋面	2	GBC2	捉节裹垄	72B
197							GBC3	筒瓦檐头部分	73B
198							GCA1	硬山和悬山的脊	
199					A 屋面脊样式	2	GCA2	殿式和卷棚	19C
200	G 古建筑屋面	16					GCA3	其他屋面脊名称	
201							GCA4	压肩和撞肩	74B
202			C 调脊	4			GCB1	黑活大脊	
203							GCB2	皮条脊	75B
204							GCB3	清水脊	
205					B 黑活脊造型	2	GCB4	花瓦脊	76B
206							GCB5	合瓦鞍子脊	
207							GCB6	合瓦过垄脊	
208							GCB7	披水梢垄	
209							HAA1	灰浆和拌	77B
210	H 操作技能相关知识	5	A 操作技能	5	A 实操项目	5	HAA2	糙砌砖墙	78B
211							HAA3	糙墁地面	79B
212							HAA4	墙面抹灰	20C
213							HAA5	合瓦屋面查补	80B

8.3.3 理论知识例卷及答案

古建筑传统瓦工：五级（初级工）理论知识试卷（例卷）
注 意 事 项

1. 考试时间 90 分钟。
2. 请首先按要求在试卷的标封处填写您的姓名、身份证号。
3. 请仔细阅读各种题目的回答要求，在规定的位置填写您的答案。
4. 不要在试卷上乱写乱画，不要在标封区填写无关的内容。

	一	二	总分
得 分			

得 分	
评分人	

一、单项选择题（第 1 题～第 80 题。选择一个正确的答案，将相应的字母填入题内的括号中。每题 1 分，满分 80 分。）

1. 新时期的瓦工的工作内容包括传统八大作中土作、瓦作和什么作的部分工作？（   ）
   A. 石作   B. 木作   C. 油漆作   D. 彩画作
2. 古建筑瓦工初级工在职业级别等级中应为几级？（   ）
   A. 三级   B. 四级   C. 五级   D. 六级
3. 在传统灰浆的调制过程中，掺入哪种物质可以显著提升灰的拉结力？（   ）
   A. 青浆   B. 炉灰渣   C. 麻刀   D. 石灰石粉末
4. 使用成品灰粉制作泼灰，灰粉掺水后需要放置多长时间后可以使用？（   ）
   A. 即泡即用   B. 1 小时   C. 8 小时   D. 2 天
5. 大麻刀灰用于苫背、小式石活勾缝，灰与麻刀之比为多少？（   ）
   A. 100∶2   B. 100∶3   C. 100∶4   D. 100∶5
6. 在古建筑修缮时，红灰一般不用作什么用途？（   ）
   A. 大型宫殿墙体抹灰   B. 寺庙墙体抹灰
   C. 黄色琉璃瓦捉节   D. 绿色琉璃瓦捉节
7. 以下选项中关于节子灰描述正确的是哪一项？（   ）
   A. 节子灰是两节筒瓦相接处的灰
   B. 节子灰是筒瓦下方，抬高瓦件的灰
   C. 布瓦屋面节子灰一般使用黄灰

D. 节子灰是墁地时砖缝之间的灰

8. 以下关于江米灰浆描述有误的是哪一项？（　　）
   A. 添加江米的作用是为了增加灰浆的黏稠度
   B. 一般用在比较重要的琉璃花饰砌筑，有一些墙体填馅也会用到
   C. 民居修复多用现代胶质材料代替江米
   D. 江米灰浆一般用于墙面打点修补

9. 传统土作中的小夯灰土做法，小夯工具的制作方法是什么？（　　）
   A. 用金属铸造而成
   B. 由一段木材掏出四边的把手制作而成
   C. 用石材雕刻而成
   D. 由多种材料多个部件组装而成

10. 瓦刀的主要功能不包括下列哪个选项？（　　）
    A. 瓦刀可以破碎砖料　　　　　　　　B. 砌筑时将灰泥涂抹在砖瓦上
    C. 在瓦瓦或修补屋面时赶轧灰料　　　D. 在墙面抹灰时将灰料抹平

11. 大停泥砖是目前民居修缮中的常见砖料，其糙砖尺寸是多少？（　　）
    A. 400mm×200mm×100mm　　　　　B. 320mm×160mm×80mm
    C. 400mm×400mm×60mm　　　　　　D. 240mm×115mm×53mm

12. 关于使用仿古贴面砖进行仿古建筑施工时，以下说法错误的是哪一项？（　　）
    A. 贴面砖排砖效果应该与砖砌筑时保持一致，尤其注意转角位置
    B. 贴面砖的尺寸选择，应根据需要选用与常见古建大小停泥砖相同的尺寸
    C. 根据实际需要，贴面砖可模仿干摆、丝缝等做法进行贴面
    D. 使用贴面砖模仿丝缝墙时，可不做耕缝处理，保留原始缝隙

13. 古建筑地面常用的尺二方砖，边长是多少？（　　）
    A. 320mm　　　　　B. 370mm　　　　　C. 400mm　　　　　D. 470mm

14. 古建筑琉璃瓦的常见颜色主要有哪些？（　　）
    A. 黄色、绿色、蓝色、黑色　　　　　B. 黄色、红色、蓝色、黑色
    C. 黄色、紫色、蓝色、黑色　　　　　D. 黄色、橙色、蓝色、黑色

15. 黑活筒瓦屋面，筒瓦延伸到檐头部分的是什么瓦？（　　）
    A. 三角形的滴水瓦　　　　　　　　　B. 圆形的勾头瓦
    C. 向下弯折的花边瓦　　　　　　　　D. 半圆形的筒瓦

16. 布瓦的板瓦宽度是指什么？（　　）
    A. 板瓦大头的宽度　　　　　　　　　B. 板瓦小头的宽度
    C. 板瓦大头弧线长度　　　　　　　　D. 板瓦小头弧线长度

17. 安全生产的主要目的是什么？（　　）
    A. 提高生产效率　　　　　　　　　　B. 增加企业利润
    C. 保障人身安全与健康　　　　　　　D. 改善工作环境

18. 《中华人民共和国安全生产法》主要是为了实现以下哪个目标？（　　）
    A. 促进经济快速发展　　　　　　　　B. 保障人民群众生命和财产安全
    C. 促进国际贸易发展　　　　　　　　D. 增加就业机会

19. 安全帽的作用是保护（　　）不受到坠物和特定因素引起的伤害。
　　A. 头部　　　　　　B. 肩膀　　　　　　C. 手部　　　　　　D. 胸部
20. 古建筑群（院落）中独立的古建筑个体称为（　　）。
　　A. 开间　　　　　　B. 单体　　　　　　C. 柱　　　　　　　D. 枋子
21. 一个开间最少由几根柱子合围而成？（　　）
　　A. 8 根　　　　　　B. 6 根　　　　　　C. 4 根　　　　　　D. 3 根
22. 房屋开间方向又称什么方向？（　　）
　　A. 面阔　　　　　　B. 通面阔　　　　　C. 进深　　　　　　D. 通进深
23. 三开间房屋明间面阔为 3000mm，两侧次间面阔一般是多少？（　　）
　　A. 2400mm 以下　　B. 2700～3000mm　　C. 3300mm　　　　D. 4000mm 以上
24. 以下选项不是硬山建筑的特点的是哪一项？（　　）
　　A. 硬山建筑是古建筑中等级最低的
　　B. 硬山建筑两侧有砌筑到屋面的山墙
　　C. 硬山建筑有前后两坡屋面
　　D. 硬山建筑有向两侧挑出的屋面
25. 在传统建筑中随墙设置的门称为什么？（　　）
　　A. 如意门　　　　　B. 蛮子门　　　　　C. 墙垣门　　　　　D. 广亮大门
26. 以下木构件中，古建筑下层木构架部分指的是哪个结构区间？（　　）
　　A. 台基以下到地面的部分　　　　　　B. 枋子以上包括斗拱的部分
　　C. 檐柱以上到梁架以下的部分　　　　D. 梁以上到屋顶的部分
27. 在中国古典园林中，下列哪种园林要素是最重要的？（　　）
　　A. 桥　　　　　　　B. 植物　　　　　　C. 园林建筑　　　　D. 动物
28. 一般小式建筑采用哪种地基开挖形式？（　　）
　　A. 沟槽　　　　　　B. 一块玉儿　　　　C. 满堂红　　　　　D. 压槽
29. 每一步灰土虚铺 7 寸，夯实之后尺寸是多少？（　　）
　　A. 50mm　　　　　 B. 100mm　　　　　 C. 160mm　　　　　D. 200mm
30. 台基埋在地面以下的部分称为什么？（　　）
　　A. 埋深　　　　　　B. 台明　　　　　　C. 鼓镜　　　　　　D. 磉墩
31. 金柱下方的磉墩，按照传统命名习惯，应被称为什么？（　　）
　　A. 檐磉墩　　　　　B. 金磉墩　　　　　C. 柱磉墩　　　　　D. 墙磉墩
32. 柱顶石留有海眼，其作用是什么？（　　）
　　A. 便于定位槽底　　B. 便于与磉磴连接　C. 便于与柱子连接　D. 便于找平地面
33. 在民居中如使用单埋头的埋头石，其摆放规矩是什么？（　　）
　　A. 短头留在房屋檐面，长身留在山面
　　B. 长身留在房屋檐面，短头留在山面
　　C. 呈 45 度斜角放在台基四角，并将两侧截断与台基拉平
　　D. 短身达到长身的 1/2 以上时，短身可以放在房屋前方
34. 大式建筑的土衬多用什么材质？（　　）
　　A. 夯土　　　　　　B. 瓦件　　　　　　C. 白灰　　　　　　D. 石材

35. 土衬和陡板会使用什么方式便于相连接？（　　）
   A. 浇筑水泥　　　　　　　　　　　B. 在土衬上方开槽
   C. 将土衬埋于地下　　　　　　　　D. 陡板上方留榫
36. 阶条石在不同的位置有不同的称呼，位于明间正中的阶条石，常被称为什么石？（　　）
   A. 好头石　　　　B. 山面条石　　　C. 坐中落心石　　D. 埋头石
37. 台基陡板延伸到台阶侧面，转到台阶垂带下方形成的三角形区域称为什么？（　　）
   A. 象眼　　　　　B. 落心　　　　　C. 榫窝　　　　　D. 燕窝
38. 使用条石堆叠而成，不设置垂带的踏跺形式称为什么？（　　）
   A. 御路踏跺　　　B. 云步踏跺　　　C. 如意踏跺　　　D. 垂带踏跺
39. 古建筑中的台阶，使用锯齿形的坡道称为什么？（　　）
   A. 御路踏跺　　　B. 云步踏跺　　　C. 垂带踏跺　　　D. 礓磙台阶
40. 在实际建筑中，常常会将哪两种或多种台阶形式进行组合？（　　）
   A. 礓磙台阶和如意踏跺　　　　　　B. 垂带踏跺和云步踏跺
   C. 礓磙台阶和垂带踏跺　　　　　　D. 如意踏跺和阶条踏跺
41. 有廊的单体建筑，廊的地面做法一般参照什么位置的做法施工？（　　）
   A. 室内地面　　　B. 室外地面　　　C. 甬路　　　　　D. 房屋散水
42. 在室内一进门和阶条石上，居中的第一块砖应该如何铺设？（　　）
   A. 纵向使用半块砖　B. 使用整块砖　C. 横向使用半块砖　D. 砖缝居中拼接
43. 围绕房屋台基外侧一圈，在地面上由砖砌筑的部分称为什么？（　　）
   A. 房屋天井　　　B. 房屋海墁　　　C. 房屋回水　　　D. 房屋散水
44. 测得房屋散水砖尺寸为 400mm×200mm×100mm，如使用一顺出造型，则散水总宽为多少毫米？（　　）
   A. 400　　　　　B. 500　　　　　C. 700　　　　　D. 900
45. 甬路中间使用砖砌筑时，常见做法是什么？（　　）
   A. 单数趟砖，通缝发生在甬路延伸的方向
   B. 双数趟砖，通缝发生在甬路延伸的方向
   C. 单数趟砖，通缝与甬路延伸的方向垂直
   D. 双数趟砖，通缝与甬路延伸的方向垂直
46. 院落的海墁地面一般不使用什么做法？（　　）
   A. 使用牙子分割，海墁中间种有植物
   B. 使用整块御路石材
   C. 使用条砖斜墁地面，并使用牙子分割
   D. 使用瓦件进行铺墁
47. 在砌筑窗上下的砖时，多见纵向将砖的丁头朝外砌筑，这样的砌筑方法称为什么？（　　）
   A. 卧砖砌筑　　　B. 陡砖砌筑　　　C. 甓砖砌筑　　　D. 立砖砌筑
48. 十字缝墙体砌筑，在墙体内部往往有不露明的、纵向放置的丁头砖，这样的做

法称为什么？（　　）

A. 一顺一丁　　　　B. 拉暗丁　　　　C. 留丁头　　　　D. 落落丁

49. 民居修缮中常见的满丁满条的砌筑特点是什么？（　　）

A. 每层砖都是一块顺头一块丁头放置

B. 一层砖全用顺头，一层全用丁头，交替进行

C. 每块丁头砖两侧必须是顺头砖

D. 墙体中线从上到下都是丁头砖

50. 在传统建筑中，在窗下方较矮的墙体，通常是什么墙？（　　）

A. 槛墙　　　　B. 窗墙　　　　C. 矮墙　　　　D. 宇墙

51. 古建筑墙体通常上下分为几段，其中"下碱"又称为什么？（　　）

A. 金边　　　　B. 墙心　　　　C. 裙肩　　　　D. 花碱

52. 山墙上身中心位置，有方形向内凹进的部分，内部抹白灰，这样的做法叫作什么？（　　）

A. 海棠池子　　　　B. 硬心池子　　　　C. 软心池子　　　　D. 过河池子

53. 墙体下碱和上身的分界线，通常上身比下碱退进一些，这样的做法叫什么？（　　）

A. 挑檐口　　　　B. 退花碱　　　　C. 留墙裙　　　　D. 摆透风

54. 墙体的山尖部分，如果用整砖砌筑，这种做法称为什么？（　　）

A. 过河山尖　　　　B. 软心山尖　　　　C. 山尖背里　　　　D. 博缝山尖

55. 在民居中多见博缝不使用整砖，而是使用卧砖砌筑的做法，这类博缝称为什么？（　　）

A. 三勺五洒博缝　　　　B. 散装博缝　　　　C. 三材博缝　　　　D. 木博缝

56. 筒瓦屋面檐面的勾头瓦和滴水瓦，转到山面也有勾头滴水的做法称为什么？（　　）

A. 排山脊　　　　B. 博缝脊　　　　C. 排山池子　　　　D. 铃铛排山

57. 墙体下碱砌筑时超过檐柱中线的做法叫作咬中，小式建筑咬中的尺寸应设置为多少？（　　）

A. 小于10mm　　　B. 32mm　　　C. 64mm　　　D. 100mm以上

58. 山墙从墀头转向房屋内侧，在檐柱和金柱之间的墙体称为什么？（　　）

A. 山墙　　　　B. 槛墙　　　　C. 柱间墙　　　　D. 廊心墙

59. 关于廊心墙下碱的砌筑，说法错误的是哪个？（　　）

A. 应与山墙外立面下碱选用的砖相同

B. 应与山墙外立面下碱的砌筑方法相同

C. 应与山墙外立面下碱的高度相同

D. 在与柱子相接时，砖应磨成八字

60. 槛墙一般砌筑在什么位置？（　　）

A. 在梢间的两根金柱之间　　　　B. 在明间的两根檐柱之间

C. 在山面的檐柱和金柱之间　　　　D. 在明间的檐柱和金柱之间

61. 老檐出檐墙，在与山墙形成拐角时，常见什么做法？（　　）

A. 山墙留有墀头，檐墙比山墙退进一部分
B. 山墙直接向檐墙转角，檐墙比山墙退进一部分
C. 山墙留有墀头，檐墙比山墙突出一部分
D. 山墙直接向檐墙转角，檐墙比山墙突出一部分

62. 檐墙不露出椽子，把椽子包裹在墙体内的做法称为什么？（　　）
　A. 老檐出　　　　B. 封前檐　　　　C. 封护檐　　　　D. 护墙檐

63. 糙砌砖墙砖缝比丝缝墙和干摆墙更宽，往往能达到多少？（　　）
　A. 5mm 以上甚至更宽　　　　　　　B. 5mm
　C. 3～4mm　　　　　　　　　　　　D. 1～2mm

64. 在望板之上、瓦面之下的灰泥结合的部分称为什么？（　　）
　A. 苫背层　　　　B. 麻刀泥　　　　C. 青灰背　　　　D. 白灰层

65. 护板灰最主要的作用是什么？（　　）
　A. 提供防水功能　B. 黏结瓦片　　　C. 保护望板　　　D. 保护陡板

66. 下列关于灰背的说法错误的是哪一项？（　　）
　A. 灰背多用青灰轧制而成，所以有时也称为青灰背
　B. 普通建筑要设置1～2层灰背，文物建筑讲究三浆三轧
　C. 在民居修缮中，有简化不设灰背层的做法
　D. 设置多层灰背时，只在最高层进行泼浆和轧制，不必每层都进行轧制

67. 瓦瓦时铺设在底瓦之下的瓦瓦泥，可以使用哪种灰泥？（　　）
　A. 红灰　　　　　B. 油灰　　　　　C. 黄灰　　　　　D. 月白灰

68. 筒瓦屋面分中号垄确定好屋面中线后，在通常情况下，居中应如何放置瓦件？（　　）
　A. 居中放置底瓦，两底瓦之间的缝隙对齐屋面中线
　B. 居中放置底瓦，一块底瓦中线对齐屋面中线
　C. 居中放置筒瓦，两筒瓦之间的缝隙对齐屋面中线
　D. 居中放置筒瓦，一块筒瓦中线对齐屋面中线

69. 小式民居的合瓦屋面，瓦件多使用几号板瓦？（　　）
　A. 2号或3号　　　B. 1号　　　　　　C. 头号　　　　　D. 10号

70. 合瓦屋面盖瓦"睁眼"高度，一般不超过多少？（　　）
　A. 5cm　　　　　B. 6cm　　　　　　C. 7cm　　　　　　D. 8cm

71. 合瓦屋面的檐头，盖瓦在花边瓦的下方使用什么瓦件？（　　）
　A. 熊头　　　　　B. 撒头　　　　　C. 瓦头　　　　　D. 猫头

72. 在筒瓦屋面的铺设过程中，关于捉节的做法，以下哪项描述是正确的？（　　）
　A. 捉节是指在左右两节筒瓦之间，使用灰膏填满填实
　B. 黑活筒瓦捉节和琉璃瓦捉节的作用、灰的颜色、做法完全相同
　C. 捉节是指在上下两节筒瓦之间，使用灰膏填满填实
　D. 捉节时不需要在睁眼处用夹垄灰抹平

73. 黑活屋面所说的猫头瓦，实际指什么瓦件？（　　）
　A. 带有勾头的琉璃瓦　　　　　　　B. 带有勾头的布瓦筒瓦

C. 带有滴子的琉璃瓦　　　　　　　　D. 带有花边的合瓦

74. 黑活屋面瓦瓦时屋脊多用哪种做法？（　　）
A. 撞肩　　　　B. 压肩　　　　C. 碰肩　　　　D. 过肩

75. 黑活屋面皮条脊的做法中，从上到下是哪几层脊件？（　　）
A. 脊筒帽子、混砖、陡板、混砖
B. 脊筒帽子、混砖、瓦条、圭角
C. 眉子、混砖、瓦条、瓦条
D. 眉子、混砖、陡板、混砖、当沟

76. 以下关于花瓦脊说法正确的是哪一项？（　　）
A. 花瓦脊通常较小，花瓦造型只能用在正脊
B. 花瓦脊通常较小，花瓦造型可以用在正脊、垂脊等处
C. 花瓦脊通常较大，搭配陡板脊使用，花瓦造型可以用在正脊、垂脊等处
D. 花瓦脊通常较大，应用在宫殿等重要建筑上

77. 墙体抹灰时根据抹灰要求，贴灰饼水泥砂浆比例宜采用多少？（　　）
A. 1∶2　　　　B. 1∶3　　　　C. 1∶4　　　　D. 1∶5

78. 糙砌砖墙一般不使用下列哪种工具？（　　）
A. 瓦刀　　　　B. 托灰板　　　C. 小线　　　　D. 橡皮锤

79. 以下关于条砖墁地操作流程顺序正确的是哪项？（　　）
A. 基层处理→测量抄平→灰土夯实→铺装→灌浆（砂）养护
B. 测量抄平→基层处理→灰土夯实→铺装→灌浆（砂）养护
C. 基层处理→灰土夯实→测量抄平→铺装→灌浆（砂）养护
D. 灰土夯实→测量抄平→基层处理→铺装→灌浆（砂）养护

80. 关于合瓦屋面铺设盖瓦时说法正确的是哪项？（　　）
A. 凹面朝上、大头朝下　　　　　　B. 凸面朝上、大头朝下
C. 凹面朝上、大头朝上　　　　　　D. 凸面朝上、大头朝上

二、判断题（第81题～第100题。将判断结果填入括号中。正确的填"√"，错误的填"×"。每题1分，满分20分。）

81. （　）在传统瓦工职业要求中，操作技能方面要求五级瓦工至少要会铺设一种瓦面。

82. （　）扎缝灰一般用月白大麻刀灰或中麻刀灰。

83. （　）在和灰的过程中，大铲是主要的工具之一，用于翻拌砂浆，确保砂浆混合均匀。

84. （　）在传统古建筑砖瓦的施工过程中，砖加工特指砍活，并不包括砖的磨制。

85. （　）第一类危险源决定了事故发生的可能性，而第二类危险源决定了事故后果的严重程度。

86. （　）在传统建筑三段式的下段，是指从大地平面到台基上皮这部分内容。

87. （　）北方三进四合院的第二进院的南侧，应是垂花门样式的二门。

88.（　）为保证工程质量，在散水、回填土等处，白灰和土的比例必须严格保持为 3∶7。

89.（　）柱顶石下方起支撑作用的构件称为磉墩。

90.（　）石地面包括毛石、块石、条形石、卵石地面等石材地面。

91.（　）在官式民居修缮中，细墁地面属于等级较低的墁地做法。

92.（　）卧砖砌筑结构稳固，砌筑难度较低，是小式民居中最多见的墙体砌筑方法。

93.（　）墙体下碱造型多见双数层砖砌筑，一般不超过 12 层。

94.（　）在砌筑墙体山尖时，退山尖的角度不需要参照屋面坡度。

95.（　）山墙两端转到房屋正面称为"墀头"，墀头分为下碱、上身、盘头三部分。

96.（　）干摆墙砌筑时每层都要进行打磨，虽然能看到砖与砖之间的分界线，但是测量不出缝隙的宽度。

97.（　）泥背铺设完成后，要经过三浆三轧，屋面具备了初步的防雨功能。

98.（　）瓦口木的作用是可以协助确定瓦垄位置，但不能统计屋面瓦垄的数量。

99.（　）过垄脊又称罗锅脊，随着瓦面弯曲自然产生的正脊，属于殿式屋面的典型特征。

100.（　）墙体抹灰时，当墙面高度小于 3.5m 时宜做立筋，大于 3.5m 时宜做横筋，做横向冲筋时灰饼的间距不宜大于 1.5m。

古建筑传统瓦工：五级（初级工）理论知识答案（例卷）

一、单项选择题

1. A	2. C	3. C	4. C	5. D
6. D	7. A	8. D	9. B	10. D
11. B	12. D	13. C	14. A	15. B
16. A	17. C	18. B	19. A	20. B
21. C	22. A	23. B	24. D	25. C
26. C	27. C	28. A	29. C	30. A
31. B	32. C	33. B	34. D	35. B
36. C	37. A	38. C	39. D	40. C
41. A	42. B	43. D	44. B	45. A
46. B	47. C	48. B	49. B	50. A
51. C	52. C	53. B	54. A	55. B

56. D	57. B	58. D	59. C	60. A
61. A	62. C	63. A	64. A	65. C
66. D	67. D	68. B	69. A	70. B
71. C	72. C	73. B	74. A	75. C
76. B	77. B	78. D	79. A	80. B

二、判断题

81. √	82. √	83. √	84. ×	85. ×
86. ×	87. √	88. ×	89. √	90. √
91. ×	92. √	93. ×	94. ×	95. √
96. √	97. ×	98. ×	99. ×	100. ×

8.4 技能等级认定实操考试

8.4.1 实操考试

1. 实操考试的范围和考试组织

实操考试在初级瓦工必会的实操项目中进行考核,考试时组织考生抽签决定考试项目和具体考试内容。考生抽取考题后,可进行工具材料的准备工作。准备时间为 5 分钟,正式考试时间为 40 分钟。

2. 实操考试的分数和及格线

考评人员根据考生在现场操作的情况,在打分表中进行打分。考试结束后,由核分员进行分数的统计、校核、汇总。满分 100 分,通常设定及格线是 60 分。

8.4.2 实操考试项目一:糙墁地面

1. 考核项目

采用传统灰浆、古建条砖为材料,铺装面积约 $1m^2$。

2. 考核标准

考试时长为 40 分钟,满分 100 分,60 分及格。

3. 使用工具

水平尺、水准仪、铁锹、瓦刀、刨锛、橡皮锤、切割机、小线、墨斗、齿抹子等。

4. 技术要点

施工前进行详细的测量和计算,确保其尺寸和数量的准确性。砖与砖之间的缝隙应符合国家相关标准,一般为 2~3 毫米。施工期间要严格遵循相关标准和规范,确保施工质量符合要求并避免出现施工过程中的疏漏,底灰应铺实,确保砖的稳定性、平整度(≤3mm)达到质量要求。

5. 操作流程

基层处理→测量抄平→灰土夯实→铺装→灌浆(砂)养护

(1) 基层处理

清理原有地面上的各种障碍物,如石、碎石、泥浆、垃圾等,确保地面平整、紧密,不得存在坑洼、凸起等状况。

(2) 测量抄平

按照设计标高利用水准仪抄平,用墨斗将水平线弹在建筑物四面墙体或标志物上。

(3) 灰土夯实

采用 3∶7 灰土一步进行夯实,灰土虚铺厚度不小于 20cm,夯实后厚度≤15cm,密实度不小于 97%。

(4) 铺装

铺装采用干铺法,黏结层采用 40mm 厚中砂灰泥干拌,砂子与灰泥的比例为 1∶3~1∶5。中砂灰泥拌合灰湿度掌握方法如下:用手攒捏拌合料成团,松开后自然散开即合格。以墙体上水平线为基准确定四角位置标高并找方，四角先铺装一块条砖进行冲筋排活，冲筋完成后采用十字缝方式铺装其他条砖，以横向铺装挂线，挂在纵向条装位置分仓铺装。铺装时应轻轻平放，用橡皮锤轻轻锤击条砖，但不得损伤砖的边角，并随时用水平尺检验平整度。

（5）灌浆（砂）养护

条砖面层铺装完成后，用灰浆（或砂）填缝，直至缝隙饱满，同时将遗留在砖表面的余砂清理干净。

糙墁地面实操项目如图 8-1 所示。

图 8-1　糙墁地面实操项目

6. 评分表（表 8-2）

表 8-2　古建筑传统瓦工：五级（初级工）实操考试考核评分表

考试时长：40 分钟　　　　考试规则：满分 100 分，60 分及格　　　考核项目：糙墁地面
　　　　　　　　　　　　　　　　　　　　　　　　　　　　　　　　考试人员：

序号	考核项目	允许偏差	评分标准	满分	扣分	得分
1	选砖		外观不符合要求不得分	10		
2	测量抄平	2mm	超过 2mm 扣 5 分 超过 3mm 不得分	20		
3	灰浆饱满度	不小于 80%	小于 80% 每块扣 5 分 超过 5 块不得分	20		
4	砖排列直顺	3mm	超过 3mm 扣 5 分 超过 3 处不得分	20		
5	砖面平整度	2mm	超过 2mm 扣 5 分 超过 3mm 不得分	20		
6	安全文明施工		考试过程中是否佩戴安全帽 完工后是否进行了场地清理	10		
	合计			100		
备注	考评人员签字：				年　月　日	

8.4.3 实操考试项目二：糙砌砖墙

1. 考核项目

采用蓝机砖、水泥砂子为砌筑材料，砌筑单面清水，墙体厚度为 240mm，撂底首层砌筑长度为 1.5m，每层双向退踏步槎，砌筑高度 6 层，砌筑完毕后进行墙体勾缝。

2. 考核标准

考试时长为 40 分钟，满分 100 分，60 分及格。

3. 使用工具

扁子、拙斧、方尺、磨头、平尺板、包灰尺、锤子、水平尺（仪）、瓦刀、刨锛、大铲、灰桶、托灰板、线坠、墨斗、小线、靠尺、皮数杆、卷尺、溜子、砖缝划子、笤帚、毛巾等。

4. 技术要点

砖应在砌筑前 1～2 小时浇水湿润，烧结普通砖一般以水浸入砖四边 15mm 为宜，含水率 10%～15%；常温施工不得用干砖上墙，不得使用含水率达饱和状态的砖砌。

5. 操作流程

弹线→立皮数杆→排砖撂底→选砖→挂线→砌砖→勾缝

（1）弹线

为了保证主体砌筑的尺寸准确，四角水平，必须抄平放线，在台明上弹出实墙线，或按相关规定要求定位弹线。

（2）立皮数杆

皮数杆画法，以现场的外墙砖 10 块为一组测量尺寸，算出每块砖的平均厚度加上所要求的灰缝厚度，就是每层皮数杆的尺寸，按照该尺寸画皮数杆，或按照设计要求所使用的其他类型的砖计算皮数杆，立于墙角或内外墙交接处。

（3）排砖撂底

一般现代墙体砌筑采用满丁满条方式砌筑（山丁檐跑），第一层砖撂底时，山墙排丁砖，前后檐纵排条砖，根据弹好的门窗洞口位置线，认真核对窗间墙、垛尺寸，按其长度排砖。窗口尺寸不符合排砖好活的时候，可以将门窗洞口的位置在 60mm 范围内左右移动。破活应排在窗口中间、附墙垛或其他不明显的部位。

（4）选砖

砌清水墙应选棱角整齐，无弯曲、裂纹，颜色均匀，规格基本一致的砖。敲击时声音响亮，烧过火变色，变形的砖可用在不影响外观的内盘角。

（5）挂线

砌筑砖墙厚度为 240mm，超过 10m 长墙，中间应设支线点，小线要拉紧，每皮砖都要穿线看平，使水平缝均匀一致，平直顺通。

（6）砌砖

墙体采用满丁满条形式砌筑，砌砖时砖要放平，砌砖应跟线，"上跟线，下跟棱，左右相邻要对平"。砖水平灰缝厚度应控制在 10mm，及时进行吊、靠，如有偏差要及时修整。仔细对照皮数杆的砖层和标高，控制好灰缝大小，使水平灰缝均匀一致。平整和垂直度完全符合要求后，再挂线砌墙。

（7）勾缝

墙体砌筑完毕后，用砖缝划子直接划出凹缝，并用笤帚将墙面扫净。勾缝应使用水泥砂浆，要做到深浅一致，卧缝直顺，表面光滑，横竖缝搭接无痕迹。勾缝深度应向墙内凹进 3mm，完成后要用笤帚将墙面清扫干净。

糙砌砖墙实操项目如图 8-2 所示。

图 8-2　糙砌砖墙实操项目

6. 评分表（表 8-3）

表 8-3　古建筑传统瓦工：五级（初级工）实操考试考核评分表

考试时长：40 分钟　　　考试规则：满分 100 分，60 分及格　　　考核项目：糙砌砖墙
考试人员：

序号	考核项目	允许偏差	评分标准 （以 5 米长、2 米高墙体为标准）	满分	扣分	得分
1	清扫基层		基层有杂物不得分	5		
2	选砖		外观不符合要求不得分	10		
3	砖浇水		湿润不泌水	5		
4	根据轴线放线	3mm	超过 3mm 扣 3 分 超过 10mm 不得分	10		
5	组砌方法		满丁满条方式砌筑	10		
6	游丁走缝	4mm	超过 4mm 扣 3 分 超过 8mm 不得分	5		
7	砂浆饱满	不小于 80%	小于 80% 每块扣 3 分 3 块及以上不得分	10		
8	水平灰缝平直度	3mm	超过 3mm 扣 3 分 超过 2 层不得分	5		

续表

序号	考核项目	允许偏差	评分标准 （以 5 米长、2 米高墙体为标准）	满分	扣分	得分
9	墙面平整度	3mm	超过 3mm 扣 3 分 超过 5mm 不得分	10		
10	墙面垂直度	3mm	超过 3mm 扣 3 分 超过 5mm 不得分	10		
11	墙面外观		墙面外观是否整洁	10		
12	安全文明施工		考试过程中是否佩戴安全帽 完工后是否进行了场地清理	10		
	合计			100		
备注	考评人员签字：				年　月　日	

8.4.4　实操考试项目三：墙面抹灰

1. 考核项目

采用水泥砂子为材料，抹灰面积为 $1m^2$，搓麻面。

2. 考核标准

考试时长为 40 分钟，满分 100 分，60 分及格。

3. 使用工具

灰桶、铁抹子、木抹子、托灰板、线坠、靠尺、杠尺等。

4. 技术要点

原材料配合应准确、搅拌均匀、避免扬尘污染。抹灰饼注意高度和次序，注意所有灰饼高度。

5. 操作流程

基层处理→润湿墙面→抹灰饼→墙面冲筋→墙面抹灰

（1）基层处理

清除墙体表面杂物、残留灰浆、尘土、污垢、油渍。

（2）润湿墙面

抹灰施工前应对基层表面浇水润湿，用水管或喷壶顺墙自上而下浇水湿润。不同的墙体、不同的环境需要不同的浇水量。浇水要分次进行，最终以墙体既湿润又不泌水为宜。

（3）抹灰饼

根据墙体基层表面平整与垂直情况，吊垂直、套方、找规矩，抹灰饼确定抹灰厚度。操作时应先抹上灰饼，再抹下灰饼。抹灰饼时应根据抹灰要求，确定灰饼的正确位置，再用靠尺板找好垂直与平整度。灰饼宜用 1∶3 水泥砂浆，抹成 50mm 见方形状。

（4）墙面冲筋

当灰饼砂浆达到七八成干时，即可用与抹灰层相同的砂浆冲筋，冲筋根数应根据墙体的宽度和高度确定，一般标筋宽度为 50mm，两筋间距不大于 1.5m。当墙面高度小于 3.5m 时宜做立筋，大于 3.5m 时宜做横筋，做横向冲筋时灰饼的间距不宜大于 2m。

（5）墙面抹灰

冲完筋后装档抹灰，然后全面检查灰是否平整。按先上后下顺序进行，将面层灰与冲筋条抹平，用杠尺横竖刮平，用靠尺板检查墙面垂直与平整情况，接茬是否顺平，用木抹子搓毛。

墙面抹灰实操项目如图8-3所示。

图8-3 墙面抹灰实操项目

6. 评分表（表8-4）

表8-4 古建筑传统瓦工：五级（初级工）实操考试考核评分表

考试时长：40分钟　　考试规则：满分100分，60分及格　　考核项目：墙面抹灰　考试人员：

序号	考核项目	允许偏差	评分标准	满分	扣分	得分
1	基层处理		墙面干净 无松动灰块	10		
2	墙面浇水、湿润		墙体湿润、不泌水	10		
3	抹灰饼、冲筋	2mm	超过2mm扣5分 超过3mm不得分	20		
4	抹灰面平整度	2mm	超过2mm扣5分 超过4mm不得分	20		
5	抹灰面垂直度	2mm	超过2mm扣5分 超过4mm不得分	20		
6	裂纹	2mm	超过2mm扣2分 超过3mm不得分	10		
7	安全文明施工		考试过程中是否佩戴安全帽 完工后是否进行了场地清理	10		
	合计			100		
备注	考评人员签字：				年　月　日	

8.4.5 实操考试项目四：合瓦屋面查补

1. 考核项目

采用麻刀灰、2号合瓦为材料，查补长度为1m（含脊帽子），刷浆压光。

2. 考核标准

考试时长为40分钟，满分100分，60分及格。

3. 使用工具

瓦刀、灰桶、压嘴、勾刀、托灰板、水刷子、鬃刷子、笤帚等。

4. 技术要点

施工之前首先要对房屋进行安全检查，对于破损严重的房屋，查看屋面是否有塌腰沉降现象，然后进检查口检查木结构是否牢固，确定无安全隐患方可上房施工。

5. 操作流程

除草清垄→浇水湿润→勾抹瓦脸→夹底层灰→夹面层灰→刷浆压光

（1）除草清垄

由于瓦垄较易存土，泥背中又有大量黄土，布瓦的吸水性又很强，所以在瓦垄中及出现裂缝的地方很容易滋生杂草甚至小树，拔草时应"斩草除根"，即应连根拔掉。先将盖瓦垄两腮睁眼上的苔藓、土或已松动的旧灰铲除干净，对屋面的碎瓦进行清理抽换，并用水冲净洇湿。

（2）浇水湿润

施工前应再次对屋面进行浇水湿润。

（3）勾抹瓦脸

勾抹瓦脸的灰中应不掺麻刀，工具采用"压嘴"，向瓦内抠抹，将灰挤入瓦内，勾抹完后的瓦脸应与瓦件保持垂直。

（4）夹底层灰

灰麻的体积比不应小于100∶5，用麻刀灰将裂缝处及坑洼处塞严找平，并用瓦刀压实。

（5）夹面层灰

用夹垄灰细夹一遍瓦垄两腮，并用瓦刀压实。夹腮要直顺，下脚应干净利落，无小孔洞"蛐蛐窝"，无多出的灰"嘟噜灰"，下脚要与上口垂直，盖瓦上应尽量少沾灰，与瓦翅相交处要随瓦翅的形状用瓦刀背好，棱角直顺。

（6）刷浆压光

用刷子沾水勒刷"打水槎子"并用瓦刀将两腮压实压光，待两腮七八成干时，对屋面刷青浆，青浆宜一次调制充足，搅拌均匀，涂刷到位，颜色深浅一致。

合瓦屋面查补实操项目如图8-4所示。

图8-4 合瓦屋面查补实操项目

6. 评分表（表 8-5）

表 8-5 古建筑传统瓦工：五级（初级工）实操考试考核评分表

考试时长：40 分钟　　考试规则：满分 100 分，60 分及格　　考核项目：合瓦屋面查补　　考试人员：

序号	考核项目	允许偏差	评分标准	满分	扣分	得分
1	除草清垄、更换碎瓦		瓦垄清理干净、无碎瓦	10		
2	瓦面浇水、湿润		瓦面湿润、不泌水	10		
3	勾抹瓦脸	2mm	光滑、直顺 超过 2mm 扣 5 分 超过 5mm 不得分	10		
4	盖瓦垄瓦腮垂直度	3mm	夹腮直顺 下脚干净利落 超过 3mm 扣 5 分 超过 5mm 不得分	20		
5	背瓦翅子		棱角整齐、直顺	10		
6	打水茬子		勒刷到位 勒刷不到位扣 5 分	10		
7	压光		压实压光到位 露压扣 5 分	10		
8	刷浆到位		涂刷到位、颜色深浅一致 涂刷不到位扣 5 分	10		
9	安全文明施工		考试过程中是否佩戴安全帽 完工后是否进行了场地清理	10		
	合计			100		
备注	考评人员签字：				年　月　日	

附　　录

古建筑传统瓦工：五级（初级工）职业技能等级证书样式参考。

参考文献

［1］梁思成.清式营造则例［M］.北京：中国建筑工业出版社，1981.
［2］刘大可.中国古建筑瓦石营法［M］.2版.北京：中国建筑工业出版社，2015.
［3］刘全义.中国古建筑瓦石构造［M］.北京：中国建材工业出版社，2017.
［4］马炳坚.中国古建筑木作营造技术［M］.2版.北京：科学出版社，2003.
［5］薛玉宝.中国古建筑概论［M］.北京：中国建筑工业出版社，2015.
［6］董峥.明清古建筑概论［M］.北京：中国建材工业出版社，2024.
［7］中华人民共和国国家标准.传统建筑工程技术标准（GBT 51330—2019）［S］.北京：中国建筑工业出版社，2019.
［8］中华人民共和国行业标准.古建筑工职业技能标准（JGJ/T 463—2019）［S］.北京：中国建筑工业出版社，2019.

集团介绍

北京京诚集团有限责任公司为区属国有一级企业,注册资本50000万元。截止2022年,企业资产总额197.95亿元,净资产124.57亿元;管理房屋316万平方米,管理服务居民7.6万户,约22万人。

集团按照"1+6"产业布局规划,做强、做大、做精房屋经营管理、工程修缮和物业服务三大主业板块,积极拓展投融资、资产运营板块的内涵和外延,稳步推进房地产开发运作板块向城市更新管理转型升级,推动各项业务、服务转型升级,向产业链、价值链中高端迈进。集团始终把"政治中心服务保障"摆在首位,牢固树立"红墙意识",全面服务"五个东城"建设,做好"六字文章",实施"六力提升",致力打造为"城市管理更新运营综合服务企业"。

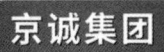

京诚集团

- 房屋综合管理
- 工程建设业务
- 物业管理业务
- 资产投资与运营
- 房地产开发运作
- 投融资管理

北京京诚集团有限责任公司
BEIJING JINGCHENG GROUP CO.,LTD.

业务板块

集团根据"十四五"时期发展目标任务及二〇三五年远景目标，精准锚定中长期发展战略定位，不断丰富完善"1+6"业务板块，有力推动集团高质量发展。

01 房屋综合管理

承担直管公房日常经营管理、修缮维护、为民服务等职能，确保辖区居民房屋住用安全。

顶棚维修　　房屋安全检查

02 工程建设

以城市更新行动为契机，紧密围绕老城风貌保护，负责南锣鼓巷四条胡同修缮整治、同兴和木器店旧址历史建筑修缮、宏恩观挂牌文物修缮、光明楼17号简易楼改造及东堂子4、6号（伍连德故居）近代建筑文物修缮加固工程，参与北大红楼及新青年编辑部旧址周边环境综合整治项目。

宏恩观挂牌文物修缮项目　　北大红楼 梅园

03 物业服务

承担平房区、住宅小区、老旧小区、保障性住房、三供一业、学校、医院、公园等各类型物业。

"首都绿化美化花园式单位"-骏景园小区
花团锦簇 环境优美 共创和谐宜居的幸福家园

整齐划一 严阵以待
微型消防车全力保障辖区消防安全

04 资产投资与运营

以盘活直管公房和文物腾退为着力点，在提升居民生活环境的同时，留住老北京的记忆和乡愁，全面推动老城保护与复兴。

运营团队专题研究腾退空间再利用

05 房地产开发

盘活现有资源，培育和推进新的房地产开发项目，牵头实施金鱼池、西营房及西河沿危改项目，稳步推进房地产开发运作板块向城市更新管理转型升级。

金鱼池危改工程　　西河沿居民回迁入住

06 投融资管理

以"运营"及"资本"为驱动引擎，带动传统优势业务协同发展。助力中轴线申遗，开展雍和宫大街、安定门简易楼、故宫周边、西草市腾退、钟鼓楼周边及东四地区简易楼申请式退租。

安定门简易楼选房现场　　故宫周边申请式退租选房现场